虚幻引擎实践篇
虚拟制片

宋雷雨 ◎ 编著

清华大学出版社
北 京

内 容 简 介

本书对全制作流程进行了全面梳理和讲解，是一本详细介绍虚拟制片全流程的参考书籍。

虚拟制片在进行后期前置的同时涵盖了从前期策划到成片的整体流程。全书对虚拟制片展开了全面概述，包括类型特征、发展历程及全流程应用实施等。结合当前最前沿的虚拟制片制作全流程，分别从实时图形渲染引擎系统、LED 显示屏显示系统、摄影机跟踪系统、虚实场景的匹配系统和灯光系统这五大系统对虚拟制片整个实现流程进行讲解，能够为虚拟拍摄、XR 拍摄、虚拟演播系统提供重要依据。同时还引入数字人与虚拟制片的综合应用介绍与数字资产管理与同步规范，并展望虚拟制片未来的应用场景。

全书由具有丰富教学与实战经验的院校教师共同编写，得到国内外多家院校和企业的支持。本书以师生实践项目为实境案例，依托院校教学，结合业界一线实战经验，具有较强的实践指导意义，助力我国虚拟制作相关人才的培养。

本书可作为院校虚拟制作相关专业的教学用书，也可作为影视类专业从业者、在研虚拟制片的研究者以及正在学习并期望从事虚拟制片相关业界人员的参考用书。

图书在版编目（CIP）数据

虚幻引擎实践篇：虚拟制片 / 宋雷雨编著 . —北京：清华大学出版社，2024.7
ISBN 978-7-302-66245-7

Ⅰ. ①虚… Ⅱ. ①宋… Ⅲ. ①虚拟现实—程序设计 Ⅳ. ① TP391.98

中国国家版本馆 CIP 数据核字 (2024) 第 096531 号

责任编辑： 杨迪娜　薛　阳
封面设计： 杨玉兰
版式设计： 方加青
责任校对： 徐俊伟
责任印制： 杨　艳

出版发行： 清华大学出版社
　　　　　　网　　　址： https://www.tup.com.cn，https://www.wqxuetang.com
　　　　　　地　　　址： 北京清华大学学研大厦 A 座　　　　　　**邮　　编：** 100084
　　　　　　社 总 机： 010-83470000　　　　　　　　　　　　　**邮　　购：** 010-62786544
　　　　　　投稿与读者服务： 010-62776969，c-service@tup.tsinghua.edu.cn
　　　　　　质 量 反 馈： 010-62772015，zhiliang@tup.tsinghua.edu.cn
印 装 者： 北京联兴盛业印刷股份有限公司
经　　销： 全国新华书店
开　　本： 170mm×240mm　　　　**印　　张：** 17　　　　**字　　数：** 428 千字
版　　次： 2024 年 7 月第 1 版　　　**印　　次：** 2024 年 7 月第 1 次印刷
定　　价： 99.00 元

产品编号：102798-01

/ 序
言 \

在这个数字化和虚拟化日益普及的时代，虚拟制片技术正逐渐成为影视制作领域的一个重要分支。它不仅改变了传统的拍摄方式，还为创作者带来了无限的想象空间和创新可能。作为虚拟制片领域的一份子，我深感荣幸能够参与到这一变革之中，并将我的知识和经验通过这本教材分享给大家。

编写这本《虚拟引擎实践篇：虚拟制片》教材，我的初衷是希望能够系统地整理和介绍虚拟制片的相关知识和技术，帮助那些对此领域感兴趣的朋友们，无论是初学者还是专业人士，都能够获得全面而深入的理解。从虚拟制片的基本概念到具体的技术实现，再到高级技术的应用，本书旨在为读者提供一个清晰的学习路径。

本书是中国传媒大学 - 腾讯"数字艺术领军人才实验班"推出的系列教材之一。该实验班是中国传媒大学与腾讯互动娱乐事业群内容生态部联合推出的新型产业人才培养模式，其打破人才培养定式，直面媒介变革挑战，让高校工科方向与美术方向人才充分结合。不同于高校以往的单一化人才培养方式，实验班从人才选拔、人才培养、课程设计与师资、毕业设计、实习实践等方面均进行了创新改革。实验班充分联合调动行业技术方、应用方和高校能力，聘请高校名师、腾讯骨干专家以及包括 Epic 在内的近十家相关领域头部企业专家担任项目导师，共同研究制定了专业知识图谱、技能架构与课程体系，致力于围绕全真互联网、虚拟制片、虚拟数字人、人工智能与设计等数字艺术行业前沿领域打造校企合作实习基地，开展联合人才培养，为行业输送数字艺术高精尖人才。

在本书中，我将带领大家走进虚拟制片的世界，了解其背后的商业价值和核心技术组成。深入介绍虚拟制片的五大系统，包括实时图形渲染引擎、LED 显示、摄影机跟踪、虚实场景匹配以及灯光系统，这些系统是实现虚拟制片的关键。通过对这些系统的详细解析，读者将能够掌握虚拟制片的实现原理和技术细节。

随着学习的深入，我们将进入虚拟制片的进阶阶段，探索动态场景触发、虚实场景融合等高级技术。这些技术将帮助读者实现更加逼真和自然的动态场景效果，将虚拟世界与现实世界无缝连接。

希望通过这本教材，不仅能够帮助读者掌握虚拟制片的核心技术，更希望能够激发大家的创新思维，将这些技术应用到自己的创作中，推动虚拟制片技术的发展。同时，也期待读者们能够提出宝贵的意见和建议，共同为虚拟制片技术的进步贡献力量。

最后，我要感谢校领导、院领导和同事们对我的大力支持。

感谢清华大学出版社的杨迪娜编辑为本书的立项、编排与出版付出的辛勤劳动，同时感谢清华大学出版社对本书的支持。

感谢我的家人和所有参与本书编写的同仁们，感谢刘昭辰、杨怡祺、许圣林、耿浩、陈阳、徐嘉松、张瑞柠、王森、罗龚楷等小伙伴们。

感谢在虚拟制片领域做出杰出贡献的先驱者们。

愿这本书能够成为连接过去与未来，现实与虚拟的桥梁，带领我们一同探索虚拟制片的无限可能。

祝学习愉快！

宋雷雨

2024 年 7 月

目录

第1部分 ◀ 虚拟制片概述

第1章 虚拟制片简介

第2章 虚拟制片发展历程

第 3 章　虚拟制片类型

第 2 部分 ◀ 虚拟制片技术入门之虚拟制片五大系统

第 4 章　实时图形渲染引擎系统

第 5 章 　 LED 显示屏显示系统

第 6 章 　 摄影机跟踪系统

第 7 章 　 虚实场景的匹配系统

第 8 章　灯光系统

第 3 部分　虚拟制片技术进阶

第 9 章　动态场景触发

第 10 章 虚实场景融合

第 11 章 数字人与虚拟制片的综合

后记

第 1 部分

虚拟制片
概述

第1章

虚拟制片简介

1.1 ◀ 何为虚拟制片

1.1.1 基本概念

　　虚拟制片（virtual production）的含义较为宽泛，通常指一系列计算机辅助制片和可视化电影制作方法，虚拟制片已经应用在如《曼达洛人》等影视作品中，如图 1-1 所示。通过技术手段将虚拟内容实时呈现，借助实时引擎等工具进行电影摄制，创建电影数字虚拟世界，消除实时制作和视觉特效之间的障碍，模糊前后期制作之间的界限，将传统影视制作流程由线性进行变为同时进行，从而优化整个制作流程，具有更高的灵活性和协作性，能够达到节约制作成本、提升协作效率、协助内容创作、增强内容创新等效果。

图 1-1　剧集《曼达洛人》拍摄花絮

　　维塔数码（Weta Digital）将虚拟制片概括为"现实和数字世界交融的区域"；盟图（Moving Picture Company，MPC）从技术细节出发定义虚拟制片；将虚拟现实和增强现实与计算机图形学（Computer Graphics，CG）和游戏引擎技术相结合，使制作人员能够看到场景在面前展开，仿佛这些场景就是在实景合成和拍摄的。从业内对虚拟制片的普遍见解中可知，虚拟制片不特指某一项拍摄或制作技术，而是一系列技术的集合，且当前处于高速动态发展的过程之中。目前虚拟制片技术主要应用于视效预览、实时混合和发光二极管（Light-Emitting Diode，LED，又称半导体光源）虚拟制作等领域，但其在推动电影制作方面还有着亟待挖掘的巨大潜力，或将成为颠覆行业规则的新变革。

从影视制作学术角度，学者认为虚拟制片技术是指通过相机跟踪技术将实拍画面与CG元素进行合成，该合成画面既可以用于提供实时预览，也可以直接作为最终的视频内容。在过去，合成工作需要在影视制作后期耗费大量的时间来完成，这为影视制作带来了不确定性，制片人、导演、摄影师都无法在拍摄时感知摄影机拍摄的画面与计算机制作的元素融合后的效果。如果合成效果差强人意，则需要把从策划、实拍到合成等阶段的工作全部重新来过。随着硬件升级、实时渲染技术革新及业界对更加高效制作的渴求，虚拟制片技术应运而生。虚拟制片技术中的实时合成技术改变了传统影视生产的线性工作流。因此多数学者认为，虚拟制片技术是目前全世界范围内影视行业最前沿的制作技术，彻底改变了电影制作领域。

虚拟制片技术可以在现场实时查看合成效果，降低了过去影视制作中的不确定性。它打破了传统的前期蓝、绿幕拍摄，后期特效合成流程，让创作者在前期现场就能所见即所得。Epic Games 公司洛杉矶实验室负责人、VR 与虚拟制片委员会主席大卫·莫林（David Morin）认为，虚拟制片将实时视频与CG画面合成的能力使得人们得以形成实时意见和反馈，并基于当下特效和动画的效果做出进一步的决定。以往在前期工作的CG美术师可以根据修改意见在拍摄现场立即制作数字道具，以往在后期工作的特效师可以在拍摄现场参与主创讨论，提供创意意见并即时修改效果；演员与特技演员相比于实景拍摄，能够更加可控和安全地进行虚拟制片的拍摄。

虚拟制作一词被广泛用于描述利用计算机辅助制片工具进行的制作流程，如环境捕捉（资产扫描和数字化）、照片般真实的实时渲染，包括预演、表演捕捉（动作捕捉和体积捕捉）、协同工作摄影机（现场可视化），以及最为熟知的镜头内视效（IN-Camera VFX，ICVFX）。

镜头内视效是一种实时捕捉镜头内视效画面的过程，通过使用LED显示屏替代传统绿幕舞台，实现对镜头内的视效画面实时捕捉。镜头内视效利用游戏引擎技术在LED显示屏上渲染背景画面，并与镜头捕捉到的实景场景进行合成。以前需要耗费大量时间才能完成的场景构图、拍摄、渲染和合成，现在可以在现场实时完成。无论是捕捉3D环境，如迪士尼拍摄剧集《曼达洛人》中的场景，还是使用2D素材，如拍摄驾驶场景，镜头内视效都可以发挥作用。镜头内视效不仅可以高效拍摄多个复杂场景，还可以实时捕捉环境光和反射，减少绿幕拍摄后期合成的需求，如图1-2所示。

图 1-2 《曼达洛人》拍摄花絮

与任何革命性的新型制作流程一样，镜头内视效工作流程中也有一些技术方面需要进一步评估和技术分析。虚拟制作的最终效果受到所选 LED 显示屏性能、所选电影摄影机，特别是镜头和传感器特性，以及实时渲染引擎、运动跟踪系统和棚拍灯光相互之间的影响，如图 1-3 所示。

图 1-3 一个在 LED 摄影棚内采用镜头内视效的拍摄场地

2020—2023 年来，由于新型冠状病毒感染的影响，部分电影和电视剧组迅速采用了虚拟制作和镜头内视效技术。虚拟制作通过将虚拟世界与真实世界实时连接起来，使电影制作人能够像实拍一样与数字过程进行实时互动。虚拟制作不仅提高了工作流程的效率，还提供了更多的创意选择。

1.1.2　商业价值

罗兰·贝格（Roland Berger）的《虚拟制作商业化探究：技术简述、商业价值及产业影响》提及，移动互联网发展中大容量、高速率的通信技术发展带来了生产效率、文化娱乐等诸多价值，众人试图通过概括虚拟制作的核心特点，以更加直观地揭示它所能创造的商业价值。在"将虚拟带入现实"的核心理念下，虚拟制作被认为会对影视行业甚至更大范围带来以下三大价值。

1. 后期流程的前置性带来生产价值

虚拟制作技术在影视后期流程中的引入带来了极大的生产价值，对比传统模式，它的核心革新在于将虚拟世界的构建与实际拍摄并行同步。这一并行流程的改变直接催生了

VFX特效工作室在整个制作周期中的参与方式。首先，在项目的前期阶段，协同作业为特效需求的全面统筹提供了坚实基础，从而降低了补拍和返工的频率；其次，在拍摄阶段，制片团队能够根据需要灵活调整虚拟资产，如在影棚内即刻切换场景，大幅提高了制作效率；最后，与传统绿幕后期相比，LED作为背景则省去了溢色处理、抠像合成等烦琐的后期工序，有效降低了制作成本。

如电影《阿凡达》中的潘多拉星球就是通过虚拟制作创造的，拍摄前进行了大量的后期预设和设计工作。这使得拍摄过程中，导演和摄影团队能够直接观察到虚拟场景，有助于指导演员的表演和相机的运动。这样的前置性流程不仅提高了拍摄效率，还带来了更为精确和贴近导演意图的创作，如图1-4所示。

图1-4　《阿凡达》幕后制作花絮（拍摄现场）

还有电视剧《权力的游戏》，在制作中使用了大量的虚拟制作技术来创造神奇的龙、宏伟的城堡和广阔的景观。这些虚拟场景在剧组拍摄之前就已经通过后期流程的前置性制作完成，为实际拍摄提供了视觉参考和引导，使演员能够更好地融入虚拟环境中，提高了拍摄的效率和质量，如图1-5所示。

图1-5　电视剧《权力的游戏》第八季制作团队在VR中的虚拟勘察

这种前所未有的并行流程不仅提高了制作效率，也带来了质的飞跃。在传统模式下，后期特效作为一个独立的环节，往往需要进行大量的补充拍摄以满足特效需求，而虚拟制作的应用则将这些过程紧密地融合在一起。制片人可以在拍摄过程中实时调整、修正虚拟场景，使特效工作更加贴合实际拍摄情况，最大限度地保证了视觉效果的完整性。这样的改变不仅提高了制作效率，也为影视作品的视觉表现提供了更大的自由度和精准度。

值得一提的是，虚拟制作技术不仅在视觉效果上带来了革新，也给制片团队的协作模式带来了新的挑战和机遇。在虚拟制作的框架下，各个环节之间的协作更加紧密，不同团队间的信息共享和协同工作变得更加高效。这种全新的工作方式不仅提高了团队的整体配合能力，也激发了创作中更多的想象和创新。随着虚拟制作技术的不断完善及普及，相信它将会为影视行业带来更多的商业价值和创作可能性。

2. 影视制片的灵活性带来创意价值

虚拟制作技术的应用为影视制片注入了灵活性，从而激发了创意的无限可能。使用虚拟制作技术的团队在 LED 影棚内进行拍摄，极大地提升了对拍摄过程的控制能力，进而扩大了创意的实现空间。比如，在自然环境下拍摄夕阳、晚霞需要在短暂的日落前后 20分钟内抓紧拍摄，否则就得等待到第二天；而在 LED 影棚内，通过引擎实时调整光线，可以反复拍摄，大幅提高了灵活性。这种技术的运用不仅提升了制作的效率，更为创作者提供了更多的时间和空间去捕捉理想中的场景和光影效果。

进而言之，在 LED 影棚的现场虚拟环境中，剧组成员能够更直观地感受到场景的真实性，相比起在绿幕下的拍摄，他们能够更贴近实景表演。这种逼真的虚拟环境为演员们创造了更加真实、更具情感共鸣的表演空间。他们可以更自然地融入虚拟世界中，从容地展现角色的情感和表情，而不必受到传统拍摄环境的限制。如在《曼达洛人》这部电视剧的制作中，LED 影棚就被广泛应用，演员们能够在拍摄现场直接面对虚拟景观，感受光线和景观的真实性，从而更自然地表现角色情感和动作。这种全新的拍摄体验不仅提高了表演者的舒适度，也使得他们能够更好地诠释角色的内心世界，为影视作品赋予更深刻的情感和共鸣，如图 1-6 所示。

图 1-6 《曼达洛人》拍摄花絮

此外，虚拟制作技术也为导演和摄影师们带来了更多的创作可能性。在 LED 影棚内，他们可以随时随地调整场景、光线和氛围，以达到最理想的拍摄效果。这种灵活性和自由度的提升让创作者们能够更加直观地实现他们的想象，将理想中的视觉效果完美呈现在观众面前。

总体而言，虚拟制作技术的灵活性为影视制片带来了无限的创作可能性。它不仅提高了制作效率，更为创作者们提供了更广阔的视野和更真实的拍摄体验，为影视作品注入了更多的创意和情感。这种技术的革新将继续为影视行业带来更多的商业价值和创作的惊喜。

3. 虚拟资产的复用性带来额外价值

虚拟制作技术带来了虚拟资产的再次利用，从而创造了额外的价值。制作过程中产生的虚拟资产具有跨项目复用的潜力，为影视行业带来了更多商业化的可能性。如《星际迷航》系列就充分展现了虚拟资产的复用性。在该系列的制作中，大量的虚拟场景、星舰模型和特效元素被创建并记录成为可重复使用的虚拟资产。这些资产不仅被用于一部电影或一季剧集，而是在整个系列和相关的衍生作品中被反复利用。例如，《星际迷航：发现号》

和《星际迷航：奇异新世界》这两部作品在场景和特效的使用上共享了一部分虚拟资产，《星际迷航：发现号》第 4 季中的 15 个环境资产中，有 2 个环境资产被成功应用于衍生剧《星际迷航：奇异新世界》的拍摄中，从而提高了制作效率并保持了视觉一致性。这种资产的复用性为制作团队带来了效益，同时也让观众更容易地识别和理解影视作品中的共享元素。除了完整的环境资产，制作过程中创造的材质、纹理、模型等小型资产同样具备跨项目复用的潜力，如图 1-7 所示。

图 1-7 《星际迷航：奇异新世界》LED 虚拟影棚拍摄剧照

更重要的是，对这些虚拟资产的再利用并非局限于特定项目，而是为整个影视行业提供了全新的资源共享模式。例如，Epic Games 收购了 Quixel 虚拟资产库，并将其整合到虚幻引擎（Unreal Engine，UE）中，这一举措无疑彰显了虚拟资产商业化的巨大潜力。这种整合方式为影视制作提供了更加便捷、高效的途径，让各种虚拟资产能够被更广泛地利用。这不仅为特定作品的制作节省了成本和时间，也为整个行业的发展带来了更多创作上的灵感和资源。

虚拟资产的可持续利用也意味着对创意和创作者的更大支持。这些资产的复用性使创作者们能够在不同项目中灵活运用丰富的资源，从而为作品注入更多的创新和独特性。这种资源共享模式不仅节省了时间成本，也提升了整个行业的创意水平和质量标准。

总体来说，虚拟制作技术所带来的虚拟资产再利用，不仅是一种简单的成本节约，更为影视行业提供了全新的商业模式和发展机遇。这种资源共享和跨项目利用的方式将继续推动着影视行业向更为创新、高效和可持续的方向发展。

1.2 ◀ 虚拟制片相关技术组成

1.2.1 三维制作技术

三维制作技术广泛应用于游戏开发、影视制作、工业设计、建筑设计等领域，它涵盖了一系列工具和技术，用于创建和呈现虚拟三维场景或对象。这些技术通常包括以下几种。

1. 建模

三维建模（modeling）技术是虚拟制片中的核心，主要包括多边形建模、曲面建模和体素建模。多边形建模以多边形网格构建物体表面，常用于制作复杂的角色和环境场景。

曲面建模使用数学曲面表示物体表面，能够创造更光滑、精细的表面，适合设计汽车、飞机等需要高精度表现的物体。体素建模则是将物体分解成小立方体来构建模型，常用于地形、自然景观及模拟流体效果等场景。这些核心技术相互结合，根据不同需求创造出精美逼真的虚拟世界，为影视、游戏等创作提供了坚实基础和无限可能。在实际应用中，这些技术往往交叉运用，以达到更优质的效果和创意的表达。

比如，漫威影业利用三维建模技术打造了史诗级别的超级英雄和惊人的特效场景。其中一位最为经典和独特的角色就是钢铁侠（Iron Man）。钢铁侠的盔甲由数十块零件组成，每一块都包含了细致的设计和独特的功能。三维建模师们使用多边形建模技术，逐一塑造这些零件，并确保它们在视觉上逼真、灵动，同时又符合整体的设计风格和主题，如图 1-8 所示。

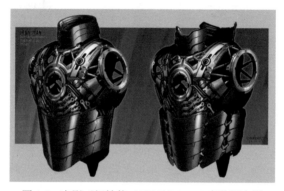

图 1-8　电影《钢铁侠（2006）》MK 3 套装概念图

2. 纹理映射

三维纹理映射（texture mapping）技术是三维建模中至关重要的一环，它赋予了物体更为逼真的外观和质感。这项技术通过将平面图像或纹理映射到三维模型的表面，使物体呈现出更为真实的外观和细节。

在电影《阿凡达》中，展现了一个充满神秘与生机的潘多拉星球，其中的植物、动物和环境都通过精细的三维纹理映射技术来呈现，如图 1-9 所示。植物的叶子、树皮、动物的皮毛和鳞片等细节都经过精心设计，并运用纹理映射技术赋予了真实感。这种技术不仅在视觉上让观众感受到了植物的质感，更深入地渲染了潘多拉星球这个虚构世界的生动性和独特性。

图 1-9　电影《阿凡达》官方概念图

3. 动画

三维动画（animation）技术是三维制作中的关键部分，它着重于赋予三维模型生动的动态表现和运动特性。其中包括多种技术手段，如骨骼动画、关键帧动画及物理模拟等方法，旨在实现三维模型的动态变化和运动。

比如，在《玩具总动员》系列中，玩具们活灵活现地展现出了各种情感和动作，如图 1-10 所示。通过骨骼动画技术，动画师们能够为玩具们建立骨骼系统，并赋予它们自然流畅的运动，如巴斯光年的行走、伸展等动作都显得非常生动。同时，利用关键帧动画技术，动画师们可以设置关键帧来定义角色在不同时间点的动作状态，让动画更具流畅性和真实感。这些技术的结合使得玩具们不仅在视觉上逼真，更在动态表现上栩栩如生。

图 1-10　电影《玩具总动员 3》　剧照

4. 光照和阴影

在三维制作技术中，光照和阴影（lighting and shading）至关重要，它们是营造逼真、具有层次感的场景和物体的关键因素。光照技术涉及模拟光线在场景中的传播和互动，而阴影则为物体和场景增添了深度和真实感。

电影《盗梦空间》中的梦境世界就展现了出色的光照和阴影效果，如图 1-11 所示。在片中，由于场景的特殊性，光线呈现出了多种变化，从日光到暗处的灯光，再到奇幻的梦境光线，每个场景都呈现出了细致且逼真的光影效果。这种细致入微的处理使观众能够更深入地感受到不同场景带来的氛围和情感。

图 1-11　《盗梦空间》电影截图

5. 模拟与仿真

在三维制作技术中，模拟与仿真（simulation）技术是模拟物体运动、物理特性或环境效果的关键工具。这些技术通过计算机模拟现实世界中的物理规律和行为，为影视作品中的特效、场景和动作赋予逼真和真实感。

在电影《变形金刚》中，变形金刚们的变形过程和战斗场景经常充满高度复杂的物理仿真。通过模拟技术，特效团队能够精确计算出金属变形和机械运动的物理特性，让观众看到的变形过程更加逼真、流畅。同时，战斗场景中的爆炸、碎片飞溅等特效也模拟了现实物理规律，增加了场景的真实感，如图1-12所示。

图1-12　《变形金刚4》电影截图

另一个例子是电影《流浪地球》，这部影片通过模拟技术创建了宏大的太空场景和恶劣的自然环境。影片中的太空船、星球爆炸和天体运动等大规模场景利用了模拟与仿真技术，模拟出太空中的物体运动、引力和物理效应，使观众身临其境地感受到了宇宙的壮丽和恢宏，如图1-13所示。

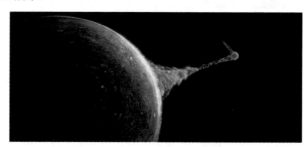

图1-13　《流浪地球》电影截图

1.2.2　实时渲染技术

实时渲染技术（real-time rendering）是指计算机实时渲染图像或动画的一种计算机图形学技术，也称实时图形渲染技术，是一种"一边计算画面，一边输出显示"的能力，能够将计算机模型的设计结果实时地渲染成图像，如图1-14所示。实时渲染技术的特点是能实时操控、实时交互，并且以极高的速度处理3D图像，同时实现逼真效果。实时渲染是按每秒帧数（fps）来衡量的，通常范围为24～60 fps，具体取决于用户要求。实时渲染图像的质量通常不如预渲染（pre-rendering），或称离线渲染的效果，但随着硬件能力的不断提升，实时渲染技术有时能达到相当高的视觉效果。

实时渲染技术通常依赖于强大的硬件设备，特别是图形处理器（Graphics Processing Unit，GPU）。GPU具有强大的并行计算能力和高速存储能力，可以在毫秒级别内快速处理大量的图形数据。一些特定用途的渲染芯片，如英伟达（NVIDIA）的RTX系列显卡，利用其光线追踪（ray tracing）技术，使实时渲染的效果越发接近离线渲染。此外，一些实时渲染应用，如3D游戏和3D数字孪生模型，可能需要在云端进行渲染，这样可以利用云端强大的计算资源。实时渲染技术采用多种优化技术，如裁剪、光照、阴影和反射等，以提高渲染速度和图像质量。同时，通过不同的渲染技术和算法，如物理渲染、半透明渲染和反射渲染，能够实现不同的视觉效果。

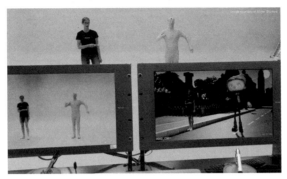

图 1-14　左侧屏幕为实拍镜头，右侧屏幕为通过实时渲染技术合成的画面

实时渲染技术在游戏开发和虚拟现实领域有广泛应用，以实现高质量的图像和动画效果。在游戏开发中，实时渲染技术可以实现高质量的图像和动画效果，提供更真实的沉浸式游戏体验。例如，通过实时渲染技术，开发者可以创建出逼真的环境、动态的光影效果及流畅的角色动画，使玩家仿佛置身于游戏世界之中。在虚拟现实领域，实时渲染技术同样发挥着重要作用。通过实时渲染技术，虚拟现实设备可以根据用户的视角和动作实时生成和更新虚拟环境，提供一种仿佛身临其境的体验。例如，用户在虚拟现实中移动头部或身体时，视野中的画面会立即进行调整，使用户感觉自己真的在虚拟环境中移动。

实时渲染技术推动了虚拟制片技术的崛起。在虚拟制片中，实时渲染技术广泛应用于实时预览、实时光影、实时物理模拟和实时人物表情等创建过程，使虚拟制片的制作更加高效、方便，同时也可以提高虚拟制片的质量和真实感。UE 的实时渲染能力让制片人能够在拍摄现场看到影片最终效果，缩短制作周期，降低制作成本，为导演和演员提供了更自由的创作空间。可以说，实时渲染技术正在改变整个媒体和娱乐行业的故事表现手法。

1.2.3　虚拟摄影技术

虚拟摄影技术是一种利用计算机生成图像的技术，通过模拟摄影器材和拍摄过程，创造出逼真的虚拟场景。它结合了现实摄影的原理和数字技术，能够在虚拟环境中进行影像捕捉和处理，为影视制作、游戏开发及虚拟现实等领域提供了强大的工具和可能性，如图 1-15 所示。

这项技术涵盖了多种方面，包括虚拟相机、光照、阴影、景深、运动模糊等元素。虚拟摄影通过模拟真实世界中的摄影流程，如调整镜头焦距、光圈大小和快门速度等，来捕捉虚拟环境中的画面。同时，它也能模拟光线的折射、反射和投影，使虚拟场景的光影效果更加逼真。

在影视制作中，虚拟摄影技术能够为导演和摄影师提供更大的创作空间和自由度。通过使用虚拟摄影，制作团队可以在计算机生成的虚拟环境中进行实时拍摄和预览，可以根据需要调整景深、光线和摄影机位置，以达到更理想的画面效果。这种灵活性不仅能提高制作效率，还有助于创造出更具想象力和独特性的视觉效果。虚拟摄影涉及两种主要形式，即跟踪和非跟踪形式。

图 1-15　虚拟拍摄现场

1. 非跟踪形式虚拟摄影

非跟踪形式虚拟摄影技术是指在虚拟场景中，不依赖实时的相机或物体追踪技术，而是将事先预渲染、预先计算好的场景，以固定形式呈现的技术形式。这种技术的核心在于在制作阶段就要固定和设计好整个场景、物体及摄影效果，然后通过预先的计算和渲染，将这些元素合成到最终画面中。与实时跟踪技术相比，非跟踪形式虚拟摄影技术在制作前期更花费精力，但在后续的使用中，能够提供更稳定地实现预期的视觉效果。

如电影《头号玩家》中的许多场景都采用了非跟踪形式虚拟摄影技术。影片中的虚拟世界"绿洲"是在制作前期经过精心设计和建模的。整个"绿洲"包括了各种虚拟场景、建筑、角色及细致的光影效果，如图 1-16 所示。而在实际拍摄时，演员们往往置身于绿幕或使用了基础实景道具的拍摄环境中，而最终的虚拟环境则是在后期制作中加入的。这些虚拟场景在后期制作阶段与实际拍摄的元素进行合成和融合，呈现出最终的电影效果。

图 1-16　斯皮尔伯格在使用虚拟摄影机观看虚拟场景

这种技术的优势在于对画面的精准控制和预期效果的实现。因为整个场景和元素都是预先设计和计算的，所以制作者能够更准确地控制画面中的每一个细节，从而达到所需的视觉效果。虽然制作成本和时间会更高，但这种技术可以创造出更为精致、惊艳的视觉体验。

2. 跟踪形式虚拟摄影

跟踪形式可以分为摄像机跟踪（camera tracking）和物体跟踪（object tracking）。

1）摄像机跟踪

在虚拟摄影中，摄像机跟踪技术扮演着关键角色，它致力于捕捉实际摄像机的运动，并将这些关键的动态表现准确地映射到虚拟环境中。摄像机追踪的方法主要包括光学追踪、功能追踪及惯性追踪。

光学追踪是其中一种常见方式,通过专用的红外感应摄像机追踪反射或主动红外标记来定位摄像机的位置。相比之下,功能追踪则更依赖于特定图形的识别,将真实世界中的物体作为追踪源。惯性追踪则结合了陀螺仪和加速度计的惯性测量单元(Inertial Measurement Unit,IMU),辅助光学和功能追踪系统,以确定摄像机的位置和朝向。

摄像机跟踪的流程首先需要对摄像机进行详尽的标定,记录其内部参数(如焦距、镜头畸变)和外部参数(位置、角度),这些参数对后续的摄像机模拟至关重要。接着,在实际拍摄中,摄像机跟踪系统会选取特征点或标记物,并追踪它们随着摄像机移动的位置变化。这些特征点可以是场景中显著的区域、纹理丰富的物体或者预先设定的标记。

通过追踪这些特征点的位置变化,摄像机跟踪系统能够计算出摄像机的运动轨迹,涵盖平移、旋转、缩放等运动参数。这些数据被应用于虚拟场景中的摄像机模拟,确保了虚拟环境中的视角和运动与实际摄像机的完美契合。

如在电影《刺杀小说家》的拍摄现场,每台摄影机都会有一套 Ncam 跟踪系统进行实时的摄影机跟踪,通过安装在摄影机上的两个鱼眼镜头,可以实时计算摄影机的位置和旋转,不管是手持还是电子伸缩炮,各种复杂的运动都被实时地记录和解算,并传递到数字三维场景中,将 CG 制作的虚拟场景空间透视无缝地与现场摄影机轨迹匹配,如图 1-17 所示。

图 1-17　电影《刺杀小说家》虚拟摄影现场

2)物体跟踪

虚拟摄影中的物体跟踪技术是指追踪实际物体在空间中的位置和运动,并将这些信息应用于虚拟环境中,确保虚拟物体与实际物体的交互性和一致性。这项技术在影视特效、游戏制作和增强现实等领域有着广泛的应用。

首先,物体跟踪技术利用传感器、摄像头或激光扫描等设备来捕捉实际物体的位置和运动。这些设备可以记录物体在三维空间中的位置、方向和移动轨迹等信息。

然后,利用这些数据,虚拟摄影团队将物体的运动信息应用于虚拟场景中的相应物体。通过将实际物体的位置和运动信息与计算机生成的虚拟元素进行同步,可以实现虚拟物体随着实际物体的移动而相应变化,以达到与实际场景更好的融合效果。

例如,在电影《雷神 3:诸神黄昏》的拍摄过程中,演员手持实际物体(如锤子),通过物体跟踪技术记录锤子在空间中的位置和运动轨迹。然后,在后期特效制作中,利用这些数据对虚拟锤子进行同步调整,使虚拟锤子的动作和实际演员的动作保持一致,增强了特效场景的真实性和连贯性,如图 1-18 所示。

图 1-18　电影《雷神 3：诸神黄昏》拍摄花絮

1.2.4　动作和面部捕捉技术

1. 动作捕捉技术

动作捕捉（motion capture）技术是通过使用专业的动作捕捉设备记录人体运动轨迹，并将其应用到数字角色或虚拟角色中，以实现高质量的动画效果的技术，如图 1-19 所示。动作捕捉技术可以辅助制作虚拟角色的动作，包括角色的行走、奔跑、跳跃、攀爬等动作。在动作捕捉过程中，演员需要穿戴特殊的装备，这些装备经过光学计算、惯性计算等方式记录下演员的动作数据，然后通过计算机软件将这些数据转化为动画，如图 1-20所示。

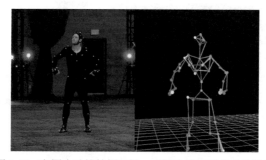

图 1-19　左图为动捕拍摄现场，右图为捕捉到的动作结果

图 1-20　电影《猩球崛起 3：终极之战》演员穿着动捕服进行表演

动作捕捉技术具有明显的优势。首先，它高效便捷，具有所见即所得的特性，不必让动画师花费大量脑力去构思复杂动作；其次，它的成本较低，尽管一套动捕设备的价格不菲，但由于能大量、快速地制作动作，能大幅节省时间成本，每个动作的造价相对较低；最后，动作捕捉技术较易上手且几乎不依赖动画师，这对小型团队来说十分友好。

2. 面部捕捉技术

面部捕捉技术是通过使用机械装置、相机等专业的人脸捕捉设备记录一系列面部参数数据，并将其转换为动画应用到数字角色或虚拟角色中，实现更高质量的面部表情和面部动作的技术。面部捕捉技术广泛应用于动画、电影及电子游戏等领域，它可以帮助制作人员创建更为真实、生动的角色，其捕捉的信息包括眉毛的动作、眼睛的开闭、口型的变化等，实现对人脸表情的精确模拟和复制。在虚拟制片中，演员的面部表情通过面部捕捉技术实时地记录下来。这些数据可以用于动画制作或是直接驱动虚拟场景中虚拟角色的表情从而实现实时的虚拟表演和互动，如图 1-21、图 1-22 所示。

图 1-21　正式拍摄前身着面部捕捉设备的演员

图 1-22　一个演员在使用面部捕捉设备进行表演

面部捕捉技术的优势主要有以下 6 点。

（1）真实再现。面部捕捉技术能较准确地捕捉和记录演员的面部表情和动作，并在虚拟角色中进行完美演绎，使得虚拟角色的表情和姿态更接近真实。

（2）高效制作。面部捕捉技术通过实时捕捉面部表情和动作极大地缩短动画制作时间，大幅提高制作效率。

（3）适应性强。无论是电影、游戏还是电视剧，甚至是虚拟偶像，面部捕捉技术都能大显身手，提供灵活的应用场景。

（4）无碍健康。面部捕捉技术不会引起演员的不适，不会损害演员的皮肤。

（5）采集方便。随着科技的发展，面部捕捉技术所依赖的硬件设备日臻完善，采集过程简洁快速，极具便利性。

（6）拓展性宽。面部捕捉技术与其他技术的融合将进一步拓宽其应用领域，具有巨大的潜力和广阔的发展前景。

1.3 ◀ 虚拟制片特点

1.3.1 视效实时化，所见即所得

　　Epic Games 公司的首席技术客户经理胡安·戈麦斯（Juan Gomez）简洁明了地概括了虚拟制片的好处——所见即所得。在影视制作中，虚拟制片技术以其实时视效和所见即所得的特性大幅提高了制作效率。这种技术让制作团队在拍摄时可以即时预览虚拟场景和视效，避免了在传统后期制作中出现的反复试验和修正的情况。此外，虚拟制片技术还能让制作团队在拍摄现场做到实时调整和修改，优化拍摄效果，避免了因无法立即确认效果而需要反复拍摄的情况，不仅节省了时间，也提高了整体的工作效率。虚拟制片技术的实时化特性还能加速决策流程，导演和制作团队可以立即看到效果，更快地做出决策，缩短制作周期。

　　虚拟制片技术的"所见即所得"特点带来了全新的拍摄体验，为整个制作流程注入了实时、高效的元素。这种新兴技术赋予演员与制作团队前所未有的互动感和参与感。

　　在拍摄现场，演员不再是在空无一物的绿幕前表演，而是可以直接看到虚拟场景，使他们的表演更加贴近场景，更有代入感。在虚拟环境中进行表演，演员能够更直观地感受到所处场景的氛围。这种真实场景的视觉呈现，促使演员更加自然地融入角色的情境。他们可以与虚拟场景互动，感受周围环境的变化和细微差别，这种互动性赋予了他们更多表演的可能性和灵活性。这样的体验不仅有益于提高演员的表演水平，促使表演更加自然和立体，同时也让他们对角色所处环境的理解更加深入。演员能够更准确地感知并传达角色在虚拟场景中的情绪、态度和反应，这对于角色塑造和故事情节的表达都具有重要意义，如图 1-23 所示。

图 1-23　演员在 LED 屏呈现的虚拟环境前进行表演

　　摄影团队也因此得以直接控制取景和特效内容的结合。通过实时引擎呈现的虚拟场景，摄影师能够更直观地看到最终画面效果，从而精准地调整拍摄角度和光影效果，确保最终呈现的视觉效果符合导演的要求。摄影团队在拍摄现场可以对虚拟场景的布局、光线、色彩和其他视觉元素进行实时调整，以达到最佳的视觉效果。这种快速的实时反馈机制极大地缩短了调整和试错的时间，提高了拍摄效率和质量。而且，直观的虚拟场景预览也使摄影团队能够更精确地规划和调整特效内容的表现形式。让他们可以在实际拍摄之前对特

效元素进行实时的观察和调整，确保特效与实景的完美结合，从而达到最终影片的视觉要求，如图1-24所示。

图1-24　摄影师调整虚拟拍摄设备

　　导演在虚拟制片中也拥有了更为直观的创作环境。他们不再需要依靠想象来构建场景，而是可以实时预览成片效果，并直接观察到场景的细节和整体呈现，如图1-25所示。这种直观的视觉反馈，使导演更能够精准地把握剧情表达和画面效果，为影片的整体质量提供了更为有效的保障。实时引擎所呈现的虚拟场景使导演可以在拍摄现场就能够看到影片最终效果的雏形。他们可以实时地观察场景的构成、布局及角色在场景中的位置，进而对拍摄布景、演员表演等方面进行更为精细的调整，如图1-26所示。这种直观的预览方式为导演提供了更多的创作灵感和想象空间，使他们能够更加深入地理解和呈现影片的视觉效果和情感表达。

图1-25　导演正在虚拟环境中进行虚拟勘景

图1-26　演员在进行表演，摄影师在虚拟环境中进行拍摄取景

　　更重要的是，实时引擎的运用可以促使剧组成员迅速做出决策，并立即看到结果，不仅节省了大量等待渲染结果和布置场景的时间和成本，也降低了试错成本，让制作过程更

为流畅和高效。

虚拟制片技术的"所见即所得"特性，深刻地改变了传统影视制作的方式。它为演员、摄影师、导演和整个制作团队提供了更直观、更高效的工作环境，将创意和技术完美结合，极大地推动了影视制作的发展和创新。

1.3.2 优化制片流程，增效团队协作

虚拟制片技术颠覆了传统电影制作的线性流程。传统制片模式通常从前期规划开始，然后进入实际拍摄阶段，最后进入后期制作阶段。这一流程导致制片团队只能在整个作品完成后才能看到最终效果，任何修改也只能在这个阶段进行，耗时且昂贵。这限制了电影制作者在创作过程中灵活调整的能力，如图1-27所示。

图1-27 传统电影制片流程

与传统模式不同，虚拟制片技术打破了前期、中期和后期制作之间的界限，使导演、摄影师和制片人能够在制作中途更早地观察到成片画面。这意味着在电影制作的早期阶段，团队就能实现预览和调整场景、效果和情节发展。而及早的视觉呈现促使创作者更深入地雕琢故事细节，呈现他们的创作愿景，同时大幅减少了迭代过程所需的时间和成本，如图1-28所示。

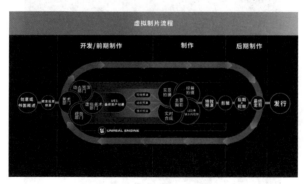

图1-28 虚拟制片流程

虚拟制片这种新模式的优势在于创作者们可以更快速地看到电影的效果，提前在创作过程中进行必要的修改和优化。以方便导演和制片人在创作过程中做出更精准的决策，更好地表达他们的创作意图。而实时的视觉反馈让整个制作流程更具灵活性，不仅节省了时间和成本，还为创作者们提供了更多的空间来实现更优秀的故事叙述。

虚拟制片技术给传统的影视制作流程带来了巨大的革新。这种技术的采用不仅是简单的工具替代，更是对整个制片过程的重构。传统的制作流程是线性、固定的，从前期构思到后期制作，每一个阶段都严格按照顺序进行。然而，虚拟制片的引入改变了这一状况，使整个制作过程更为迭代化、协作化和非线性。

虚拟制片将各个制作环节连接起来，使影视制作人以协作的方式对视觉细节进行实时迭代，使不同部门之间的交流更加紧密，协作更加高效。导演、摄影师、特效团队、剪辑师等影片制作人可以在虚拟的环境中实时查看并修改场景、效果和角色等各种元素，为影片的最终效果进行微调和完善。这种实时迭代的工作方式大大缩短了原本在后期制作中需要花费的时间，提高了影片制作过程的效率。

虚拟制片工作室 Happy Forum 的创始人 Felix Jorge 形容虚拟制片"就像使用敏捷方法制作电影"，Method Studio 的创意总监兼特效高级主管凯文·贝利（Kevin Baillie）认为"虚拟制片还类似于并行处理，它消除了实时制作和视觉特效之间的障碍，使它们可以同时进行而不是分开进行"。视觉特效人员直接参与拍摄阶段工作，而非后期才开始进行视效制作。

虚拟制片在影视制作中十分关键，特别是在面对复杂且充满不确定性的制作工作时。迭代过程的前置，有助于尽早暴露和解决问题，减少潜在风险。在虚拟制片中，可视化的预览功能强化了各部门之间的协作，降低了信息传递的误差率。此外，视效工作的并行处理也是一大优势，它确保了镜头合成效果的真实可信，无须凭空猜测。

具体来说，灯光师不再需要猜测哪种灯光颜色最适合某个虚拟元素。通过虚拟制片的实时预览功能，他们能够直接在虚拟场景中看到灯光效果，并即时调整，确保最佳匹配。对于导演而言，虚拟制片消除了对于 CG 部门呈现的数字角色是否与其设想相符的疑虑。他们在拍摄中途就可以观察到虚拟元素，保证所展现的效果符合预期。此外，后期剪辑团队在虚拟制片中也不必再为绿幕镜头素材存在的潜在问题而担忧。虚拟制片提供了更直观、更具可预见性的工作环境，让所有相关人员在整个制作流程中能够更清晰地理解、处理和解决问题。全方位的提前可视化和协作化，大幅降低了不确定性，为影视作品的制作提供了更为稳定和高效的保障，如图 1-29 所示。

图 1-29　通过软件实时调整虚拟场景的灯光以适配拍摄效果

虚拟制片的引入使内容创作的灵活性和可控性显著提升。这一技术优势彰显在多个方面，从迭代测试到灵感创作，都为制作团队带来前所未有的便利。

首先，虚拟制片通过简化、廉价化和快速化的迭代过程，降低了试错成本。任何创意和细节都能在实时环境中展现效果，对镜头和片段的创意也能即时进行决策。这让制作团队能够更加灵活地应对挑战，不断优化创作过程。

同时，虚拟制片在一定程度上避免了传统制片中由于场景、天气、人员、光线等不可控因素导致的问题。虚拟场景的呈现使剧组排除了拍摄周期中的不可控因素，让制片过程更加可控、可预测。这不仅使制片的规划更加精准和可行，也增强了整个团队对制作进度和质量的把控。

对于剧组的工作人员而言，在虚拟制片的实时性和可视化特点的影响下，他们对工作的掌控能力得到了显著提升。促使他们能够及时发现并调整问题，更好地执行自己的任务。实时反馈不仅促进了团队内部的协作，也为每个人在工作中找到了更多的创作空间和改进机会。

总而言之，虚拟制片为内容创作过程注入了更多的灵活性和可控性，通过实时呈现和可视化效果，降低了试错成本，避免了制片过程中可能由不可控因素引发的问题，使团队协作更加高效，提高了制片的整体水平。

1.3.3　最大程度节约成本

虚拟制片技术能够从如下几个方面为影视制作节约成本。

1. 降低置景的成本

实景在搭建和拆除的时候都需要花费大量的成本，这对于整个制片项目来讲是一笔不菲的开支。虚拟制片则可以通过数字化虚拟制作的方式降低实景搭建的成本。许多场景可以用虚拟置景来替代实体场景的搭建，从而有效降低制片项目的成本。此外，虚拟置景还可以提高剧组转场的效率，无须等待合适的天气和自然光照条件，有效节约时间成本，如图 1-30 所示。

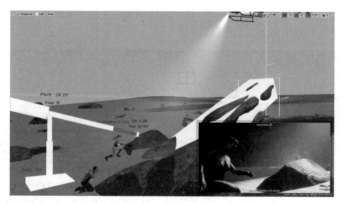

图 1-30　虚拟制片流程中拍摄前的动态预演

2. 降低后期视效制作的成本

在前期拍摄和后期制作完全分离的工作模式下，很容易出现某些镜头由于效果不佳而不被采纳的情况，等进入了后期阶段再补拍镜头会对制作时长和制作成本的控制造成非常大的压力。每一次后期制作的内容更改，都需要投入很多时间和人力，且在完成工作以后才能呈现效果。而虚拟制片能够在前期阶段确认最终成片效果，避免后期制作阶段出现因镜头效果不佳需要重新拍摄的情况，从而降低制作时长和成本。利用实时引擎的渲染和分布式渲染技术，还可以提高虚拟画面的性能和分辨率，进一步降低后期视效制作的成本，如图 1-31 所示。

图 1-31　实时拍摄画面与实时合成画面对比

3. 数字资产的兼容性和可复用性

虚拟制片使资源之间能够相互兼容，并可以在整个制作过程中进行复用。只要在前期视效预览阶段投入更多的努力，就能在最终成像阶段高效地利用资源，避免额外的时间和成本。此外，优质的数字资源还能为影视作品带来额外的商机，如创建宣传图像、游戏资源和周边产品等。

4. 缩短开发时间

Lux MaChina 的创始人兼首席运营官 Zach Alexander 指出虚拟制片视效预览技术的好处是"在前期制作中花费的每一个小时，都能为制作阶段节省两个小时"。实时引擎的使用有望消除制作过程中的障碍，如进度推迟和开发时间过长。虚拟制片技术能够提高制作过程中的协作水平，从而缩短开发时间。虚拟制片解决方案，可以提高各部门的生产效率，缩短电影拍摄的周期并降低成本。

HTC 高级副总裁、全球解决方案负责人鲍永哲表示，自 2019 年以来在影视行业内，虚拟制片的话题不断升温，行业内对虚拟制片的需求越来越大，所以越来越多的人希望能够通过基于 VR 技术的解决方案去帮助行业解决痛点。尤其是新型冠状病毒感染，拍片变得非常困难，虚拟制片让很多场景在棚内就能完成拍摄，不再受灯光、日出、日落、天气的影响，可以让拍摄变得相当弹性，让整个拍片节奏变得更可控，也更有效率。面对面制片困难的情况下，许多企业已经开始进行业务布局，虚拟制片已悄然引领影视内容生产走向新形态，重构影视制作产业生态。

第 2 章

虚拟制片发展历程

2.1 ◀ 电子布景概念的提出

1978 年，Eugene L. 提出了电子布景（electronic studio setting）的概念，这是一种未来节目制作的理念。根据这一概念，节目制作可以在一个只有人员和摄像机的空演播室内完成，而其他的布景和道具则由电子系统生成。

传统的节目制作需要在实际场地搭建布景和摆放道具，这不仅需要大量的人力和物力成本，还受到场地、天气等因素的限制。而电子布景的概念则是通过利用电子系统和虚拟技术，使节目制作摆脱对实际场地的依赖。

在电子布景的模式下，空演播室可以被视为一个虚拟的制片空间，通过电子系统产生各种布景和道具的效果。这些效果可以通过计算机图形、增强现实等技术实现，使观众在观看节目时感受到与实际布景相似甚至更加丰富的视觉效果。

电子布景的概念为节目制作带来了许多优势。首先，它能够大大减少实际布景和道具搭建的成本和工作量。其次，电子布景使节目制作更加灵活和可控，可以根据需要随时更改布景和道具的效果，无须重新搭建和调整实际场地。此外，电子布景还能创造出更加奇特和创新的视觉效果，提供更多的艺术表现空间。

尽管在 1978 年电子布景的概念提出时，相关技术还没有得到广泛应用和成熟发展，但它为后来的虚拟制片和数字化制作技术奠定了基础，并对节目制作的未来发展产生了积极影响。随着技术的进步，电子布景的概念逐渐演化为更加现实和高度可视化的虚拟制片技术，为影视和电视节目制作带来了更多的可能性。

2.2 ◀ 动态预演的出现

可视化预览在电影发明之后开始被广泛应用。最早的可视化预览形式是故事板，这些故事板最初源自 20 世纪 20 年代类似漫画书的故事草图，用于展示动画短片的概念。不久之后，故事板成为电影拍摄制作前快速可视化想法的最佳方式。随着数字技术的发展，动态预演 Previs 逐渐崭露头角。动态预演是一种利用剧本内容和故事板设计，结合现有数字资产库或新建模型，对整部电影进行虚拟彩排的技术。动态预演能够在数字虚拟环境中预先构建场景，协助创作团队挖掘创意、探索叙事，并实现前所未有的互动性，真正体现了电影虚拟制作中各领域与最终视觉呈现的交互程度。尽管动态预览缺乏角色情感的表达，并且有时比绘制故事板更耗时，但其在动作呈现与时间控制方面更有优势。

20 世纪 70 年代中期，导演乔治·卢卡斯（George Lucas）在拍摄电影《星球大战》（1976 年）时，引入了一种创新的低成本解决方案。他与当时刚刚起步的工业光魔公司（Industrial Light and Magic，ILM）的特效艺术家合作，将第二次世界大战（简称二战）中混战的镜头编辑成一个模板，并使用动态预览预先规划了其中复杂的效果镜头，以初步模拟太空战斗场景的呈现，这也是动态预览在数字电影制作中的首次尝试。

1988 年，动画师林达·温曼（Lynda Weinman）首次使用 3D 计算机软件对主要电影场景进行动态预览，并制作了电影《星际迷航 V：终极先锋》（1989 年）。这个想法最初是由布拉德·德格拉夫（Brad Degraff）和 VFX 工作室的迈克尔·沃曼（Michael Warman）向电影《星际迷航》制片人拉尔夫·温特（Ralph Winter）提出的。Weinman 根据制片人拉尔夫·温特和导演威廉·夏特纳（William Shatner）的反馈，使用 Swivel 3D 软件设计了镜头，创建了《星际迷航》中，联邦星舰进取号 Starship Enterprise 的原始 3D 动画。

另一个开创性的动态预览工作是为詹姆斯·卡梅隆（James Cameron）的电影《深渊》（1989 年）进行的，这次使用了游戏技术，通过实时游戏技术来预测电影的摄像机移动和舞台设置。尽管这个想法在电影《深渊》的制作中取得了有限的成果，但这一努力促使 Smith 在 1990 年创建了 Virtus Walkthrough，这是一个用于建筑可视化预览的软件程序。在 20 世纪 90 年代初，导演布莱恩·德·帕尔玛（Brian De Palma）和西德尼·波拉克（Sydney Pollack）等人开始使用 Virtus Walkthrough 进行视觉预览。

直到 1993 年，3D 计算机图形的应用还相对较少。然而，史蒂文·斯皮尔伯格（Steven Allan Spielberg）与工业光魔公司合作，在创作具有革命性的视觉效果的奥斯卡获奖电影《侏罗纪公园》（1993 年）中使用了 LightWave 3D 进行动态预览。

到 20 世纪 90 年代中期，动态预览已成为制作高预算故事片的重要工具。1996 年，工业光魔公司的设计师大卫·多佐雷兹（David Dozoretz）在电影《碟中谍》（1996 年）中使用动态预览模拟了一列火车将一架直升机拉近海峡隧道的场景，如图 2-1 ～图 2-3 所示。多佐雷兹解释说，"由于工作室并不确定，决定制作一个粗略的计算机动画来初步展示其外观"。此后，动态预览主要用于特技和特效场景，或者需要在复杂场景中进行拍摄的镜头，以及需要复杂设备操作和复杂摄影机运动的镜头，以帮助决策并节省资金。

《蜘蛛侠 2》等多部影片的视效总监马特·贝克（Mat Beck）表示，"动态预览的显著优势在于，增强了导演的创造力，使其想法在'带领整支军队穿越战场之前'在计算机上进行多次尝试。同时，只有在你的远见卓识被打磨成具有成本效益和可行性的东西之后，你才会选择投入大量的资源"。

图 2-1　电影《碟中谍》使用动态预演制作的列车内部镜头

图 2-2　电影《碟中谍》使用动态预演制作的隧道内镜头

图 2-3　电影《碟中谍》使用动态预演制作的列车顶部镜头

2.3 ◀ IBC 展览会上虚拟演播室技术首次亮相

　　演播厅作为电视节目制作的重要场所，承担了除外拍节目外的大部分节目录制和制作任务。而虚拟演播厅，是近年发展起来的一种电视节目制作技术，1994 年国际广播电视展（International Broadcasting，IBC）展览会上虚拟演播室系统（Virtual Studio System，VSS）首次亮相，并在各种电视节目制作中得以应用。

　　虚拟演播室系统会把摄影机拍摄时的位置信息和拍摄内容实时传送到虚拟系统内，通过色键抠像技术清除画面背景的蓝色或绿色，然后用提前制作好的三维空间模型进行取代。主持人或演员的画面与三维虚拟场景合并，形成新的合成画面，而这个新合成的视频能够实时显示在电视上，如图 2-4、图 2-5 所示。虚拟演播室的实质在于通过数字化的实时合成技术将计算机制作的虚拟三维场景与电视摄像机实时拍摄的人物活动图像相结合，使人物与虚拟背景能够同步变化，实现无缝融合，从而呈现出完美的合成画面效果。

　　虚拟演播室技术包括摄像机跟踪技术、计算机虚拟场景设计、色键技术和灯光技术等多个方面。它在传统色键抠像技术的基础上充分利用了计算机三维图形技术和视频合成技术。根据摄像机的位置和参数，虚拟演播室技术可确保三维虚拟场景的透视关系与前景保持一致。经过色键合成后，前景中的主持人完全融入计算机生成的三维虚拟场景中，并且能够在其中自由运动。这种技术创造出了逼真的、具有高度立体感的电视演播室效果。

图 2-4　虚拟演播室拍摄现场

图 2-5　虚拟演播室拍摄最终呈现效果

　　采用虚拟演播室技术，制作人员可以创造出任何想象中的布景和道具，无论是静态的还是动态的，是现实存在的还是虚拟的，都完全取决于设计者的想象力和三维软件设计师的技术水平。虚拟演播室技术能够实现许多真实演播室难以实现的效果，如在演播室内搭建摩天大厦、让演员在月球上进行"实况"转播，或在演播室中制造龙卷风等奇特场景。

　　目前世界上有数十家公司已开发或正在开发这一全新的电视节目制作系统。如挪威 Vizrt 公司的 Viz Virtual studio、加拿大 Discreet Logic 公司（现已被 Autodesk 收购）的 Vapour 及以色列 RT-SET 公司的 Larus 虚拟演播室系统等，另外，Accom、BBC、Trinity、ORAD、Radamec 等公司也有虚拟演播室系统面世。当前传感器技术的发展也是相当火热，投资和研发的力度很大，这对虚拟拍摄技术的发展都有直接促进的作用。

2.4 ◀ 动作捕捉和运动控制的使用:《泰坦尼克号》和《黑客帝国》

　　20 世纪末，在动作捕捉设备包括面部捕捉设备支持的情况下，电影行业开始逐渐尝试将动作捕捉技术作为电影的制作手段之一，虽然在当时该技术并没有取得瞩目的成绩，但让人们看到了其巨大的潜力。

1990 年由保罗·范霍文（Paul Verhoeven）执导的《全面回忆》，是第一部使用动作捕捉技术的电影，片中使用动作捕捉技术的镜头仅几秒，即施瓦辛格饰演的男主角经过 X 射线时的镜头，如图 2-6 所示。

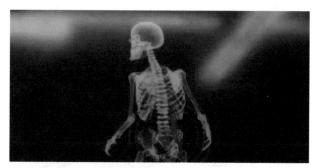

图 2-6　电影《全面回忆》使用动作捕捉技术的镜头

1997 年詹姆斯·卡梅隆（James Cameron）导演的《泰坦尼克号》也借助了动作捕捉技术，观众看到的沉船场景中大多数乘客都是计算机制作的，特别是一些反弹、转身、翻腾、摔倒、跌落的危险镜头。特技演员穿着一些带有亮球的黑色紧身衣（即动作捕捉服）进行摔倒、跌落等危险镜头的拍摄，通过摄像机和计算机将动作数据导入计算机生成的角色中进行合成和渲染，最终完成了许多特效镜头的制作，其中包括将 6 m 的跌落动作制作成 30 m 甚至 60 m 的跌落镜头效果，如图 2-7 所示。

图 2-7　电影《泰坦尼克号》动作捕捉技术幕后

除了动作捕捉技术，电影《泰坦尼克号》还运用了运动控制（motion control）技术。该技术通过计算机控制的运动平台和摄影机，实现高精度的运动控制和摄影。运动控制技术的原理是利用计算机精确控制运动平台上的摄影机，使其以非常精细的方式在三个维度上移动和旋转。通过这种方式，可以精确重现之前拍摄的摄影机运动，或者将多个摄影机的运动合成在一起，在一段时间内创造出复杂的场景。电影《泰坦尼克号》中的许多场景利用了运动控制技术，如宴会场景。布景在电影制作中的成本较高，而该片还需要拍摄场景被水淹没的镜头，为了控制成本，影片中的宴会主布景采用了微缩模型。为了让演员在绿幕前的表演能够"真实"地放在微缩模型的场景中，制作团队运用了运动控制技术。通过运动控制摄影机完成了对绿幕下的群演、前景演员和微缩模型场景的运动控制拍摄，经过计算机合成，最终呈现出"真实"的画面，仿佛演员真的在模型的场景中，如图 2-8 ～图 2-12 所示。

图 2-8 由运动控制摄影机拍摄的绿幕下
群演（在背景走动）

图 2-9 由运动控制摄影机拍摄的绿幕下
前景演员

图 2-10 微缩模型场景元素的运动控制（含烟） 图 2-11 微缩模型场景元素的运动控制（仅灯光）

图 2-12 最终电影合成效果

　　另一部在 20 世纪 90 年代利用动作捕捉和运动控制技术创造出许多精彩镜头的电影是
《黑客帝国》。该系列中最著名的是"子弹时间"场景，让观众首次真切地看到子弹运动
的轨迹及子弹凝固的 360° 全景镜头，给人留下深刻的印象，如图 2-13 所示。实际上，这
个镜头是在绿幕影棚拍摄的。首先，根据电脑追踪系统设定的路线，精确地安排了 122 台
相机沿着该路线摆放，然后同步控制所有相机的快门，按照计算机预设的顺序和时间间隔
拍摄 360° 全景照片。拍摄时的相机速度、位置、镜头焦距等数据全部传输到运动控制系
统中，最终将实际拍摄的真实场景与计算机生成的虚拟场景相结合。通过计算机技术进行
修补、合成和校正，实现了主角连贯流畅的动作镜头，给观众带来了惊艳的效果。总体来
说，"子弹时间"是运动控制系统的又一个重要实践。

图 2-13　电影《黑客帝国》"子弹时间"拍摄幕后

电影《黑客帝国》中的另一个经典场景是尼奥与 100 个史密斯的大战，其中就运用了动作捕捉技术，如图 2-14 所示。100 个虚拟的史密斯角色的数据是从雨果·维文（Hugo Weaving）扮演的史密斯和他的 12 个替身演员身上提取的，再加上主角尼奥的动作数据，然后将所有数据都输入计算机中。为了使动作更加自然流畅，还通过计算机进行了调整。最终，每个虚拟人物都被赋予了肌肉和骨骼，并覆盖上逼真的肌肤和服装，以实现真实的打斗效果。在创作这些虚拟人物形象的过程中，为了实现更逼真的效果，连虚拟人物的面部表情变化也是通过高清摄像头拍摄真实演员获得的 3D 数据。最后，将虚拟数据与视觉特效完美融合，使虚拟人物的身材、动作、表情及衣着在动作中的变化与真实世界中的演员别无二致。

图 2-14　电影《黑客帝国》尼奥与 100 个史密斯的大战

随着新世纪的到来，数字技术在电影制作中的应用越来越多，也变得越来越精彩。例如，《黑客帝国》系列（1999 年）、《哈利波特》系列（2001 年）和《指环王》系列（2003 年）等影片，通过基于计算机技术的运动捕捉和运动控制技术，完成了许多以前难以想象的精彩镜头，推动技术应用水平达到了一个新的高度。

2.5 ◀ 表演捕捉、虚拟拍摄:《阿凡达》

电影《阿凡达》于 2009 年 12 月 16 日在北美上映，这部电影的空前成功和潘多拉星球画面的惊人呈现给观众留下了深刻的印象，并使得虚拟拍摄技术开始为公众所熟知。特别是在绿色影棚中，导演可以直接观看到想象中的监视器画面，而不是传统的绿背景监视器画面，给人一种焕然一新的感觉。

在这部电影中，虚拟技术的应用变得更加精细化。例如，在影片中展现的潘多拉星球的纳美族人主要采用了表演捕捉技术。导演詹姆斯·卡梅隆认为，与其称之为"动作捕捉"，他更愿意将在拍摄过程中使用的技术称为"表演捕捉"，因为他认为这不仅是捕捉演员的动作，而是捕捉演员的整个表演。换句话说，这种表演捕捉技术融合了动作捕捉技术和面部捕捉技术，能够捕捉演员完整的表演。在拍摄过程中，演员们穿着带有标记点的动作捕捉服装，头上戴着配备了摄像头的特殊设备，在宽敞的平台上进行表演，计算机可以实时创建出演员的骨骼数据，用于驱动 CG 角色的动作。

根据制作团队公布的幕后制作花絮，表演捕捉技术共分为 3 个层次。第 1 个层次是捕捉层次，如图 2-15 所示，通过摄影机和动作捕捉设备准确地捕捉演员的表演，并将数据输入到计算机中。第 2 个层次是模板层次，如图 2-16 所示，根据输入的表演数据结合预先制作的模板，输出带有基础动作表演的画面。第 3 个层次是最终成品层次，如图 2-17 所示，在前两个层次的基础上，结合捕捉的表演数据进一步完善人物模型的细节表演，并添加光照和纹理效果，完成虚拟人物的真实展现。

图 2-15　电影《阿凡达》制作幕后——捕捉层次

图 2-16　电影《阿凡达》制作幕后——模板层次

图 2-17　电影《阿凡达》制作幕后——最终成品层次

除了表演捕捉技术，电影《阿凡达》中最重要的技术突破是虚拟摄影技术。虚拟摄影机可以模拟真实摄像机的拍摄效果，同时能够在虚拟环境中自由调整和移动。在虚拟摄影机中除了能看到现场画面外，还可以实时观看到通过摄影机匹配的三维数字场景。电影《阿凡达》的制作团队使用表演捕捉系统来跟踪摄像机的位置，相当于在虚拟的 CG 世界中放置了一个摄像头，如图 2-18 所示。在实际拍摄现场，导演詹姆斯·卡梅隆可以通过监视器实时观看预演画面，如图 2-19、图 2-20 所示，通过这种方式来想象最终呈现的效果，并可以根据预演画面对演员的表演和画面进行调整。在电影《阿凡达》之后，表演捕捉技术和虚拟拍摄技术开始在电影制作中频繁应用。可以说，电影《阿凡达》开启了虚拟拍摄的新时代。

图 2-18 《阿凡达》制作花絮 1

图 2-19 《阿凡达》制作花絮 2

图 2-20 《阿凡达》制作花絮 3

2.6 ◀ LED 虚拟制片时代的到来：《曼达洛人》

2018 年乔恩·费儒（Jon Favreau）的制作公司 Golem Creations 联合工业光魔与 Epic Games 携手以全新的虚拟制作形式为观众带来了剧集《曼达洛人》（The Mandalorian）。该剧使用了基于 LED 背景墙的虚拟化制作技术，剧组搭建了大型 LED 背景墙用于影片拍摄，LED 背景墙解决了演员盔甲上的反射问题，并为演员提供真实的环境光照，如图 2-21 所示。

图 2-21　剧集《曼达洛人》拍摄现场 1

工业光魔与其合作伙伴 Fuse、Lux Machina、Profile Studios、NVIDIA 和阿莱公司（ARRI）共同研发了一套实时环绕式摄影棚技术。这种新的虚拟制作摄影棚结合了实时游戏引擎技术和环绕式 LED 屏幕，能够在摄影机内拍摄复杂的视效镜头。运用这种技术，可以实现逼真的数字实时景观和布景，极大地减少了对绿幕的需求。产生的效果接近于全息甲板（Holo-deck）风格的技术。这个过程通过单通道摄影机拍摄实现，并通过动态更新背景来匹配现实中摄影机记录的透视关系和视差。LED 摄影棚需要与动作捕捉摄影棚结合，以准确追踪摄影机的位置和移动方式。

剧集《曼达洛人》的虚拟制作过程采用了先进的技术和创新的方法，使整个剧集的拍摄更加高效和逼真，具体而言有以下几点。

2.6.1　虚拟背景

剧集《曼达洛人》的拍摄并未真正依赖实地取景，而是通过巨型 LED 视频墙与天屏的虚拟背景来创建场景，如图 2-22 所示。这个 LED 墙拥有 270°的视角，高约 20ft（约合 6.1 m），直径约 75ft（约合 22.9 m），提供了一个巨大的表演空间。通过在 LED 墙上播放由工业光魔创建的数字 3D 环境画面，演员在这个虚拟背景中进行表演。这种虚拟背景结合了实体布景和数字布景的元素，为演员创造了一个沉浸式的环境。

图 2-22　剧集《曼达洛人》拍摄现场 2

2.6.2　实时互动

虚拟制作过程的一个关键方面是实时互动。制作团队使用 UE4 提供的实时渲染和互动功能，在拍摄过程中能够即时合成场景，如图 2-23 所示。这意味着导演和摄影团队可以通过监视器实时看到最终成片的效果，而不是只看到绿幕或占位元素。这种实时互动的功能让他们能够根据需要进行实时调整和创意决策。

图 2-23　剧集《曼达洛人》拍摄现场 3

2.6.3　虚拟布景的细节

虚拟布景的细节是虚拟制作过程的重要组成部分。通过高分辨率的渲染和精确到亚毫米级的跟踪，虚拟布景能够呈现出逼真的图像和细节。例如，在剧集《曼达洛人》中，虚拟布景可以呈现出各种细腻的纹理、光影效果和物体的反射。这些细节让人几乎无法区分虚拟布景与实际场景，如图 2-24 所示。

图 2-24　剧集《曼达洛人》拍摄现场 4

2.6.4　与实体布景的融合

在某些情况下，虚拟制作过程需要与实体布景进行融合。尽管 LED 墙能够提供大部分场景所需的虚拟背景，但有时仍需要使用传统的 3D 技术来替代 LED 墙的实时部分。在这种情况下，制作团队通过精确的跟踪和光照匹配，努力实现虚拟布景和实体布景的完美融合，以避免绿幕带来的问题，如图 2-25 所示。

图 2-25　剧集《曼达洛人》拍摄现场 5

2.6.5　特效和后期制作

　　虚拟制作过程不仅限于实际拍摄阶段，还包括特效和后期制作。虚拟制作使特效团队能够在实时拍摄中提前进行创意决策，并即时将特效元素合成到场景中。这极大地减少了后期制作的工作量，提高了特效的质量和逼真程度，如图 2-26 所示。

图 2-26　剧集《曼达洛人》拍摄现场 6

　　总而言之，《曼达洛人》的虚拟制作过程将实景与虚拟场景相结合，通过先进的技术和创新的方法，创造了一个逼真且具有沉浸感的世界。对虚拟制作的应用使剧组能够更加灵活地进行拍摄，可以在实时互动的情况下做出创意决策，为观众带来了更加震撼的视觉享受。

　　视效总监理查德·布拉夫（Richard Bluff）评论道："与基姆·利布莱利（Kim Libreri）及其 UE 团队、Golem Creations 团队和 ILM StageCraft 团队的合作为电影人和《曼达洛人》项目中包括我在内的主创人员打开了新天地，让我们能够在照片级逼真的虚拟布景中完成主体拍摄，这些虚拟布景不仅与实体布景别无二致，同时还能在需要互动的时候融入实体布景与道具。这真的是颠覆性的。"

　　在 2021 年，奈飞公司（Net）制作的美剧《1899》也采用了 LED 虚拟化制作技术，进一步展示了虚拟制作的潜力和应用。该剧使用了一种称为 C 型环幕的 LED 虚拟化制作环境，如图 2-27 所示。这个环境由一个环形背景墙和一个可以上下活动的背屏组成。当背屏降下后，整个环幕形成了一个全方位的拍摄环境。顶部中心位置还架设太空灯灯光阵列，为场景提供照明。该虚拟制作环境中的场景可以通过转盘进行旋转，以满足不同方向的拍摄需求。这意味着摄影团队可以轻松调整拍摄角度和视角，而无须进行实际的布景更换或场地转移。这种灵活性和效率大大提高了拍摄的速度和质量。

图 2-27　美剧《1899》的 LED 虚拟化制作环境

通过 LED 虚拟化制作技术，剧组能够在虚拟环境中创造出逼真的历史场景，且无须搭建复杂的实景布景。这不仅节省了时间和成本，还为制作团队提供了更多的创作自由。他们可以根据剧情需要，随时切换不同的场景和背景，且无须受制于实际拍摄条件。

虚拟制作技术在《1899》中的应用进一步证明了 LED 虚拟化制作的可行性和优势。它为创作者提供了一个创新的拍摄平台，能够在完全虚拟的环境中打造出逼真而引人入胜的场景，使观众们仿佛身临其境。这种虚拟制作的方法为电视和电影行业带来了新的可能性，也为未来的影视制作开辟了更广阔的道路。

第 3 章

虚拟制片类型

虚拟拍摄系统主要由 LED 显示系统、摄影机跟踪捕捉系统、虚拟场景制作系统、虚拟场景渲染系统、灯光照明、道具等构成，其中 LED 显示系统是整个虚拟拍摄系统的重要组成部分，如图 3-1 所示。

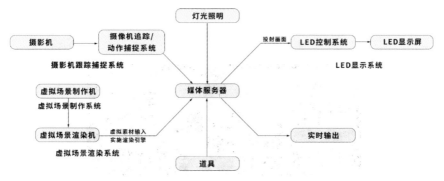

图 3-1　虚拟拍摄系统组成

3.1 ◀ 动态预演（可视化）

可视化（Visualization）是指为表达镜头或片段的创意意图而创建的原型图像，是最常见的虚拟制片技术应用场景。通过为不同人员提供原型预览作为参考、提供初步判断依据，来提高工作效率，更好地沟通、掌控与呈现最终影片效果。

可视化预演可根据应用场景和目的的不同而分为多种形式。

现场投资预演（Pitch Previs）是在项目仍处于开发阶段时，对外用于提供给投资者、潜在合作方，或作为预告片发布宣传的预演，这类推销预演可能是项目中的特定片段，也可能是能表现影片完整结构和创作意图的预告片。

现场预演（On-Site Previs）是在制作过程中的可视化预演，团队内部协作常采用视效预演、虚拟勘景、技术预演、特技预演等技术，为导演、制片、摄影、剪辑师、视觉特效、虚拟艺术等不同部门提供可视化参考，助力沟通与协作。

技术预演（Techvis）将虚拟资源与拍摄镜头结合，从而及时验证摄像机拍摄画面和虚拟资源的协调，保证后期特效与拍摄画面的融合。

动态预演（Previs）应用于剪辑和前后期视效制作的演示，形式包括但不限于故事板、分镜、3D 动画制作等，是控制成本的视觉特效模拟片段，可用于尝试不同的置景、灯光、摄像机调度、剪辑方案。虚拟勘景采用虚拟现实（Virtual Reality，VR）形式，使用头戴显示器或计算机屏幕在数字化场景中取景，调整场景布置与摄像机位置。

特效预演（Postvis）借助实时引擎中的真实物理模拟功能，针对场景、动作、特技、道具、灯光等的编排获取数字结果并将其再现。在影视后期制作阶段，也可以创建临时视效用于演示或剪辑占位，供导演、剪辑与视效团队参照沟通。

可视化预演能够让导演对于最终画面拥有更大的掌控权，也推动了不同部门间的工作人员顺利配合。可视化预演让创意的呈现更快速、成本更低、修改更容易，因此更多的创意方案能在预制作阶段被激发、测试、比较、迭代，预览的合理使用让最终项目符合预期地完美呈现。

可视化动态预演中一个新的应用方向是虚拟勘景。导演、摄影师和制片设计师等关键创意人员在虚拟现实中审查虚拟地点，让他们可以沉浸在布景中，真实感受其规模。虚拟勘景支持影视制作多个相关方一起考察布景，确定并不时地标记出他们特别关注的区域，供拍摄特定场景使用。他们还可以指明哪些地方应该建造实体道具，哪些道具可以是虚拟的。在电影《疾速追杀 3》中，它帮助团队设计出了极具挑战性的布景并编排了复杂的场景，使团队能够在以人类尺度体验环境的同时移动周围的数字资产，如图 3-2、图 3-3 所示。

图 3-2　电影《疾速追杀 3》的虚拟勘景画面

图 3-3　电影《疾速追杀 3》制作人员佩戴 VR 设备正在进行虚拟勘景

2019 年上映的翻拍版电影《狮子王》中也运用了虚拟勘景，如图 3-4、图 3-5 所示。影片制作部门制作了一个多人 VR 大空间场景。戴上 VR 眼镜后，整个剧组像是生活在《狮子王》的世界里。只要戴上 VR 眼镜，工作人员就沉浸在 360°全虚拟环境，徒步非洲大草原，身边全都是数字化打造出来的动物、植物及山川河流。导演能够在虚拟场景中"穿梭"于任何角落，在任何场景中都能够找到更好的拍摄角度。当 VR 虚拟运镜开始拍摄时，旁边的工作人员就可以看到所拍摄的场景。"把太阳放那儿，在前景放个石头，我会在这里用 50 mm 镜头拍摄……"，电影《狮子王》视效总监罗伯特·莱加托（Robert Legato）如是说。

图 3-4 电影《狮子王》剧组工作人员正在虚拟勘景 1

图 3-5 电影《狮子王》剧组工作人员正在虚拟勘景 2

电影《流浪地球 2》也使用了 Previs 技术，如图 3-6 ～图 3-8 所示。

图 3-6 电影《流浪地球 2》Previs 花絮中人物位置示意

图 3-7 电影《流浪地球 2》Previs 花絮飞机巡航示意

图 3-8　电影《流浪地球 2》Previs 花絮武器发射示意

3.2 ◀ 表演捕捉

表演捕捉是一种由演员驱动的视觉特效，包括演员的动作捕捉和面部捕捉。表演捕捉能够利用数据记录将演员的表演迁移到虚拟角色上，为数字模型赋予具有生命力的动画效果，如图 3-9 所示。

图 3-9　电影《阿凡达 2》动作捕捉花絮

身体捕捉由穿着特殊服装的演员完成，一般服装上覆盖着供特殊摄像机追踪的标记，或内置传感器，实现数据的捕捉记录。演员的全身动作转移到另一个角色上时，虚拟动画角色往往还有着与演员截然不同的身形和比例，因此需要将表演数据中如关节位置与运动幅度等数据进行匹配。

相较于身体动作捕捉，演员的面部捕捉对于数据精度的要求更高。常见技术包括在演员面部设置可追踪的标记点，或使用深度传感器摄像机进行无标记面部捕捉。面部捕捉可用于捕捉演员面部的表情动作并应用于虚拟角色上，在实际拍摄过程中可以与动作捕捉同步进行，也可以分别表演记录，如图 3-10、图 3-11 所示。

表演捕捉具有高度的灵活性，制作部门可以不同程度地采用或参考获得的表演数据，进行动作的调整或再创作；也可以结合可视化预览技术，在演员表演过程中实时预览虚拟角色在真实场景中的画面效果；表演数据被追踪后便可以与摄像机运动数据分离，按需制作不同机位不同调度的镜头画面；表演捕捉时还可以结合道具布景，实现多角色或角色与虚拟场景间的互动。

图 3-10　电影《阿凡达 2》面部捕捉花絮 1

图 3-11　电影《阿凡达 2》面部捕捉花絮 2

3.3 ◀ **混合绿幕式虚拟制片**

3.3.1　非实时混合

传统的绿幕抠像技术是影视制作中常用的一种方法。它的基本原理是将前景拍摄于绿幕背景前，后期制作通过色键抠像技术去除绿色背景，并将前景与虚拟资产合成，形成最终的特效镜头。

通常情况下，制作团队会在绿幕背景上布置跟踪点或标记物，这些点或物体在后期制作软件中会被用来计算摄影机的运动轨迹。摄影师在拍摄现场拍摄前景素材，并确保绿幕后的背景是纯色或特定颜色，通常是绿色。拍摄完成后，后期特效团队使用专业软件，如 Boujou、SynthEyes、PFTrack、3DEqulizer、MatchMover 等，通过跟踪这些标记点来确定摄影机的运动轨迹，以确保实拍素材与虚拟资产在透视关系上能够统一，如 3-12 所示。

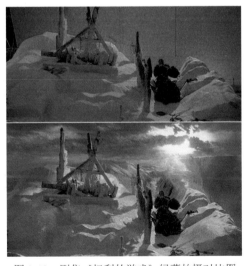

图 3-12　剧集《权利的游戏》绿幕拍摄对比图

这种传统的非实时摄影机跟踪方案需要在后期制作阶段才能完成，因为它涉及对拍摄素材的进一步处理和跟踪点的计算。这意味着在实际拍摄时，制作团队无法立即看到最终合成的效果，需要等到后期制作阶段才能进行特效合成和调整。虽然这种方法在一定程度上能够实现摄影机运动的追踪和虚拟场景的合成，但其无法在实时拍摄过程中预览到最终合成效果，限制了对特效镜头的调整和优化。

3.3.2 实时混合

近年来，处理器算力的提升、实时引擎的引入，以及摄像机实时追踪技术的发展，为运动镜头的实时抠像合成提供了可能，实时绿幕混合制片技术应运而生。摄像机追踪、实时抠像、实时合成渲染是虚拟拍摄最为基础的必需环节。目前主流的摄像机追踪方案主要包括三种：①光学跟踪，在摄像棚的顶部设置标记作为视觉特征标志，然后通过计算机的视觉算法捕捉特征标志，计算出摄像机的空间位置；②无标记追踪，能够主动对空间进行特征提取、测绘识别而无须设置标记点；③光学动捕追踪，基于红外光捕捉。而 UE 是业内虚拟制片的首选实时渲染引擎工具，如图 3-13、图 3-14 所示。

图 3-13　虚幻引擎实时绿幕特效制作幕后 1

图 3-14　虚幻引擎实时绿幕特效制作幕后 2

实时绿幕混合虚拟制片技术，通过摄像机追踪与实时渲染引擎将绿幕摄像与虚拟背景融合，提供实时的镜头内合成图像。该实时合成图像既可以作为最终画面，也可以作为实时预览，帮助导演、摄影等部门更好地掌控实拍与虚拟元素的融合效果，以便在后期制作阶段更好地集成与完善视觉特效。

3.4 ◀ 全实时 LED 虚拟制片

基于 LED 背景墙技术的数字虚拟化制作是近十年电影摄制领域最重要的技术发展，它给电影工业带来的生产方式变革正在显现出日益重要的作用。

2019 年 8 月，在 SIGGRAPH 2019 展会上，UE 官方推出了 LED 虚拟化制作拍摄解决方案，其中包含照明相关功能。该方案利用环绕的 LED 背景墙，场景内的摩托车与人物的光照可以随时进行调整，并且能和虚拟画面进行高度匹配。内视锥用于背景画面的显示，而外视锥为环境提供照明，两者的亮度、色彩有所不同以满足各自的功能需求。此外，摩托车上的反光表面也能正确还原，这使虚拟化制作中虚实结合后的真实感大大提升，如图 3-15 所示。

图 3-15　SIGGRAPH 虚拟制作演示

这个最初来自 Epic Games 的 LED 虚拟制作技术，是虚拟制片中最颠覆性的一项技术，代表了目前虚拟制片领域技术的巅峰。该技术以 LED 墙作为拍摄背景，结合实时引擎渲染与摄像机跟踪技术，将虚拟计算机图像背景同真实演员的表演融合在一起。背景图像会根据摄像机运动的视角变化而实时渲染，产生与摄像机完全同步的视差，再与环境数字化照明控制、置景、道具等配合，以达成前景与背景无缝融合、虚拟与现实高度交融的拍摄效果。

与绿幕拍摄相比，在 LED 虚拟背景墙前拍摄的优势包括：摄影师能够直接在取景器中对虚拟背景取景，无须对虚拟元素进行猜测；演员能够面对真实的场景进行表演；来自屏幕的光照提供了自然反射，增强画面的真实感；绿幕色彩溢出污染拍摄对象的问题、反光或透明的物体在绿幕上抠像困难的问题都得以解决。此外，LED 背景的灵活性，让剧组拍摄的转场变得格外容易，极大地节约了时间成本，灵活调整场景氛围色调的便利也为创作者提供了更大发挥空间，如图 3-16 ～图 3-18 所示。

图 3-16　科幻短片《诞辰》全实时 LED 虚拟拍摄中取景器实时显示虚拟背景

图 3-17 科幻短片《诞辰》全实时 LED 虚拟拍摄中演员在实时渲染场景前表演

图 3-18 科幻短片《诞辰》全实时 LED 虚拟拍摄中屏幕提供自然光照

区别于之前的虚拟化制作或者现场预演，基于 LED 背景墙的虚拟拍摄技术更强调后期前置，致力于将对影片最终呈现的控制权交还给现场的导演和主创手中。因此在拍摄之前，需要提前将相关的数字模型等虚拟资产制作出来。主创团队可以在拍摄现场运用手持移动或 VR 设备，完成对场景多角度、全方位的勘景工作，实时做出模型修改、色彩校正、照明控制等工作。经过调整后，由多台设备同时对内容进行渲染输出，与跟踪系统所捕捉到的摄影机参数相互匹配，进而获得最终的拍摄画面。基于 LED 背景墙的电影虚拟拍摄系统如图 3-19 所示。

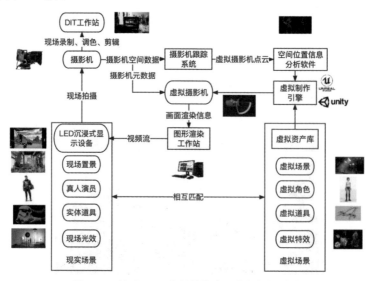

图 3-19 基于 LED 背景墙的电影虚拟拍摄系统

第 2 部分

虚拟制片技术入门之虚拟制片五大系统

4.1 ◀ 实时渲染引擎系统介绍

4.1.1 实时图形渲染引擎的发展与特点

实时渲染是相对传统非实时离线渲染的一种计算机图形学概念，早年由于个人计算机（Personal Computer，PC）GPU 的发展，实时渲染大规模商用于游戏领域。在虚拟现实技术发展的这些年，实时渲染引擎已经发展出多元化的特征，现在主流的实时引擎允许与虚拟世界进行交互和探索。实时渲染速度非常快，可以在毫秒级时间内生成高质量的图像。由于场景的更改可以立即显示，因此实时渲染具有更快迭代的灵活性。实时渲染还可以提供逼真的图像质量，能够更好地呈现场景的外观和氛围。可交互、速度快、迭代灵活、沉浸创作这些特点，使得在实时引擎中的创作更贴近真实的世界，这也为艺术家们提供了更好的创作条件。

计算机图形学根据运用的渲染技术不同，简单地将渲染分为离线渲染和实时渲染。离线渲染通常应用于电影和动画制作中，如图 4-1 所示。相较于实时渲染，离线渲染往往需要更长的时间。不过，离线渲染允许使用更复杂、更耗时的渲染技术来处理几何图形。而实时渲染能够即时渲染每一帧图像，并将其呈现为连贯的图像序列。这种即渲即显的技术需要依靠软件硬件配合的加速技术来实现，因此实时渲染更适合快速调整和迭代。在选择渲染方式时，需要考虑多个因素，如所使用的技术、所需画面精度、场景中的模型数量和贴图等。当前实时 3D 游戏对实时渲染的硬件需求也变相地推动了 GPU 技术的进步，如图 4-2 所示。

实时渲染技术早期主要用于 3D 游戏中。技术的实现借助了游戏引擎开发者提供的交互开发工具，降低了游戏开发的复杂性，也节省了大量的开发成本，这些工具的积累也是虚拟制片能够轻易借助游戏引擎完成拍摄的重要先决条件。目前，市场上主流的游戏引擎有 UE、Unity3D 等。游戏中为了实现连续且具有交互感的动态效果，必须在每一帧中进行渲染，并且前一帧的渲染结果会影响到下一帧的图像。现代实时渲染技术的发展使其逐步扩展到游戏开发之外的领域，如电影、电视也由自行研发实时引擎逐渐转向使用 UE、Unity3D 这样的商用实时渲染引擎，以此呈现更加丰富的视觉效果和交互体验，如图 4-3 ～图 4-5 所示。

图 4-1　现代离线渲染引擎

图 4-2　现代实时渲染引擎

图 4-3　实时渲染的 CG 过场动画

图 4-4　UE 实时渲染的场景

图 4-5　用户于实时渲染进行交互

4.1.2　实时图形渲染引擎在虚拟制片中的运用

电影将实时渲染用于虚拟制片和动态预览，制片人可以实时预览 CG 场景、特效和虚拟摄影，以便更快地做出决策和调整，如图 4-6 所示。虚拟摄影技术使导演和摄影师能够在拍摄现场使用虚拟相机进行实时控制和预览，以获得所需的效果。

图 4-6　《曼达洛人》中使用 UE 作为实时渲染引擎，将特效画面直接拍摄进摄影机中

电视方面对于实时渲染的探索相对更早，现代引擎将实时渲染技术用于实时新闻广播、体育赛事和虚拟电视舞台背景，从而实时合成背景与交互特效元素，如图 4-7 所示。

总的来说，实时渲染技术在制片过程中可以大幅降低制作成本和时间，提高制作效率和质量，扩展创意的想象空间。

图 4-7 UE 制作的虚拟演播室场景

4.1.3 主流实时渲染引擎介绍

1. 虚幻引擎

虚幻引擎（Unreal Engine，UE）是 Epic Games 公司开发的游戏引擎。经过多年的发展，它已经成功地应用于多种不同类型的游戏开发，成为了现代游戏开发者常用的公开商用开发引擎。除了游戏开发，虚幻引擎近年来与电影特效公司合作大力开发了一系列工具，从而被广泛应用于影视虚拟制片，《曼达洛人》就是早期使用虚幻引擎进行的虚拟制片制作的成功案例。

虚幻引擎的发展历程一直顺应着硬件技术和软件技术的发展趋势。虚幻引擎初代开发的游戏《Unreal》中令人惊艳的画面在 20 世纪 90 年代末期给电脑游戏玩家带来了极大的震撼。后来基于 UE2 开发的《杀戮地带》、基于 UE3 开发的《战争机器》、基于 UE4 开发的《绝地求生》等游戏，都为那个时代的玩家带来了大量优秀的体验。

目前，Epic Games 已经发布了第五代虚幻引擎（UE5），如图 4-8 所示，虚拟制片也从使用 UE4 逐渐在 UE5 中迈向成型。UE5 采用了两项核心技术——Nanite 和 Lumen，为实时渲染引擎带来了逼近离线渲染引擎的画面。

图 4-8 第五代虚幻引擎

Nanite 是一种先进的动态精度面渲染技术，允许开发者将超高面数多边形摄影测量的建模资产，直接导入游戏引擎，如图 4-9 所示，同时 Epic Games 利用其收购的最大摄影测量库 Quixel 扩展了这项功能的应用场景。用户能轻松地创建细节丰富的世界场景，而无须花费大量时间开发细致的资产。Nanite 可以导入任何数字内容创作工具 DCC（Digital

Content Creation）创建的模型和场景，如在导入 ZBrush 和 Blender 创建的高面数模型和高清晰度贴图的同时，不必担心内存显存的限制。

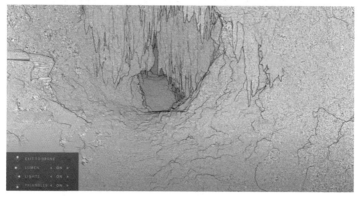

图 4-9　Nanite 技术动态控制摄影测量技术的资产渲染

Lumen 是一种动态全局光照与反射系统，该系统实现了在实时渲染中的光纤追踪，无须像过去那样使用反射采集和光照贴图的烘焙来创建"近似模拟"的静态全局光照，如图 4-10 所示。同时基于优化过的光线追踪算法，Lumen 可以在不同的图形架构中被更广泛地使用，而无须使用昂贵的支持光线追踪模块的显卡。

图 4-10　Lumen 技术创建的动态全局光场景

除了 Nanite 和 Lumen 之外，UE5 还在后续的版本中更新了虚拟阴影贴图（Virtual Shadow Maps，VSM）、可编程光栅化器、镜头内视效、人工智能（Artificial Intelligence，AI）工具、MetaSounds、世界分区（World Partition，WP）及更好的动画系统。这些系统共同辅助虚拟制片实现更好的实时画面渲染，其中相机内视觉效果系统作为虚拟制片的核心，后文将会重点介绍。

UE 的默认渲染方式是真实感渲染，并采用了基于物理的渲染（Physically Based Rendering，PBR）着色流程。虽然与离线渲染器相比，实时渲染在算法上可能会有一些近似处理的情况，但凭借其研发的各种系统和优化，目前已经达到了非常出色的渲染效果。不过，使用 UE 也需要考虑到系统的负荷能力限制。在必要的情况下，它可能会牺牲画面效果，如降低模型的精细度、简化光影应用、调整贴图的精细程度，以满足实时系统的要求。

某些游戏引擎只包含特定的开发工具，不提供其他开发功能，应用于虚拟制片中的组件需要开发者自行开发。而 UE 则在虚拟制片领域有官方的技术组件支持，不需要自行开发。

2. Unity

Unity 是一款由 Unity Technologies 公司开发的跨平台 2D/3D 游戏引擎。Unity 支持多种平台，包括 PC、移动设备、主机游戏机和 Web 等。Unity 具有易于学习、功能强大、资源丰富及游戏开发迅速的优点，被广泛应用于游戏制作、虚拟现实、增强现实、建筑可视化等领域。

在 Unity 中可以选择不同的渲染管线。Unity 提供了三个具有不同功能和性能特征的预构建渲染管线，还可以创建自己的渲染管线。其中通用渲染管线（Universal Render Pipeline，URP）提供了更好的性能和更好的可编程性，适用于移动设备。众多使用 Unity 制作的虚拟现实项目都使用了 URP 或者自制的渲染管线。较为现代化的高清渲染管线（High Definition Render Pipeline，HDRP），提供更高的图形质量和更多的渲染功能，如图 4-11 所示。

图 4-11　Unity 用 HDRP 创建具有全局光照的场景

近年来，Unity 也在开发支持虚拟制片相关的工具套件，并同电影特效公司维塔数码达成过合作，为用户提供了更多创建电影级画面的工具。

3. Omniverse

NVIDIA Omniverse RTX Renderer 是一款同时融合了实时和离线渲染的可扩展渲染器，如图 4-12 所示。在 NVIDIA RTX GPU 硬件的基础上，支持通用场景描述（Universal Scene Description，USD）和 NVIDIA 材质定义语言（Material Definition Language，MDL）等标准，通过 AI、多 GPU 和云的组合推动了 RTX 渲染的极限，为自动驾驶汽车、机器人、建筑、工程、制造、科学可视化、媒体和娱乐等多个领域提供了各种运用。它具有两种不同目标用途的渲染模式，即 RTX- 实时和 RTX- 交互式（路径追踪），两者都使用了基于路径追踪的算法解决渲染需求。

图 4-12　Omniverse 渲染的场景案例

4. Blender Eevee

Eevee 是从 2.8 版本后加入 Blender 的实时光栅化渲染引擎，也是 Blender 2.8 及以上版本的默认渲染器。使用开放图形库（Open Graphics Library，OpenGL）在实现渲染目标的同时，注重速度和交互性。Eevee 可以在 3D 视口中交互使用，也可以生成高质量的最终渲染，如图 4-13 所示。与 Blender 自带的离线渲染引擎 Cycles 不同的是，Eevee 不是光线跟踪渲染引擎，它没有计算每一条光线，而是使用了光栅化和多种算法来估计光与对象和材质的渲染方式。

图 4-13　Eevee 创建的风格化场景

4.1.4　实时图形渲染的工作原理

实时渲染的工作过程可以简单概括为将场景中的 3D 模型的向量数据转换为 2D 图像的点阵像素数据。这一过程需要将 3D 模型数据中的顶点根据空间坐标投影到 2D 平面上，同时考虑材质和表面纹理等因素对像素进行颜色加工，最后由中央处理器和 GPU 协同分工并行计算。

由于人眼视觉滞留对稳定帧率需求的特性，浮动帧率通常要求在 30 fps、60 fps、120 fps 甚至更高。在实时渲染中，用户可以通过控制器对场景进行交互，并实时将资产放到虚拟制片的场景中，对拍摄的虚拟场景进行即时的迭代。

与离线渲染不同，实时渲染首先会将众多渲染中需要处理的复杂信息在渲染之外提前进行烘焙运算，随后在运行时将几何处理、着色、光栅化各个部分拆开分别计算，达到资源最大化的目的，以提供更快的渲染速度。这个过程十分依赖提前离线烘焙的优化数据，以及高性能 GPU 的并行像向量计算单元。

4.2 ◀ 传统渲染引擎系统介绍

4.2.1　传统渲染引擎的定义和工作方式

进行离线渲染时，每一帧都是预先设置好的。一旦开始渲染后，每一帧需要花费数秒、数小时甚至大量计算资源进行数天的渲染，而且在渲染过程中需要消耗大量资源。尤其在影视项目中，通常都有档期要求，需要在指定时间完成渲染任务，目前基本上是将任务提交到在线商业渲染农场交给数以百计甚至上千计的计算机来完成。维塔数码在制作电影《阿凡达》时渲染动用了占地 10 000 平方英尺的服务器群。其中有 4 000 台服务器，共 35 000 个 CPU 核心。单机渲染一帧的平均时间为 2 h，160 min 影片的总渲染时间为

2 880 000 h，相当于一台服务器至少连续工作 328 年。

离线渲染的图像三维场景将光线反射到三维摄影极的呈像平面（如真实摄影机的 CMOS）后渲染而成。所以在将三维场景渲染成图像的过程中，需要确定场景中物体反射出的光线有哪些可以落在成像平面上。与计算场景里所有的光相比，沿着成像平面上的一个光线的落点与三维摄影机的镜头焦点所构成的直线，即为光线的运动路径，对路径进行反向的追踪，如图 4-14 所示。直至该直线到达三维场景中的物体表面，这部分的光线计算被称为采样，如图 4-15 所示。

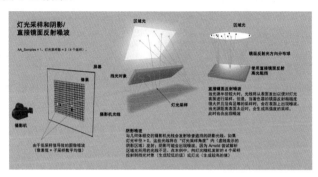

图 4-14　反向追踪渲染原理

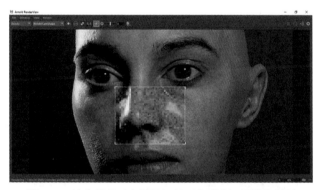

图 4-15　渲染器高（方框外）低（方框内）采样率样例

大部分的 CG 动画或者影视特效，都是最终通过离线渲染呈现的，因为动画和影视制作的画面往往非常精细，对画面的质量要求也极高。总而言之，离线渲染就是需要花费更长时间来精心打磨，然后得到非常精细的渲染画面效果。

随着近些年技术的不断发展，几乎所有的渲染技术都可以应用于实时渲染和离线渲染中，越来越强大的 CPU 与 GPU 硬件性能也正在将更为复杂的渲染技术拉向实时渲染。近些年，实时光线追踪算法也是各个实时渲染引擎的努力方向。

4.2.2　主流传统渲染引擎介绍

1. Arnold

Arnold 由 Solid Angle 公司开发，经常用于电影和电视特效、广告和游戏中，如图 4-16 所示。Arnold 渲染器是早期使用无偏差光线追踪技术的工具。通过蒙特卡洛算法，能够获得较快的渲染速度。

图 4-16　在 MAYA 中使用 Arnold 渲染

　　与使用 GPU 进行渲染的渲染器不同，Arnold 使用 CPU 进行渲染，这意味着可以使用更多的 CPU 核心来加速渲染，而不必担心 GPU 显存限制。然而，与使用 GPU 的渲染器相比，Arnold 的无偏算法渲染速度可能会较慢，因为使用通用计算框架的 CPU 在蒙特卡洛光线追踪算法上的计算速度，通常比拥有更多并行计算能力的 GPU 慢。

　　2. Octane

　　Octane 渲染器是一款基于 GPU 计算的无偏差渲染器，如图 4-17 所示，其特点是快速、高效和易于使用。相对于传统的 CPU 渲染器，GPU 渲染器在渲染速度上有很大优势。因为 GPU 拥有大量的计算单元，并行计算效率更高。同时，Octane 渲染器还支持 CUDA 和 NVlink 技术，这是一种基于 NVIDIA GPU 的并行计算框架，能够充分利用 GPU 的计算能力与显示内存。

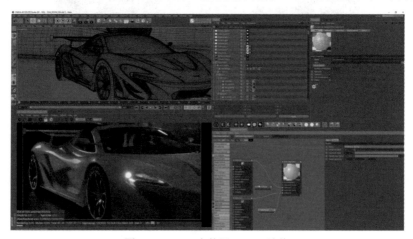

图 4.-17　C4D 中使用 Octane 渲染

　　Octane 渲染器的材质系统是基于节点的图形用户界面，用户可以使用拖放式的方式快速创建各种材质，并实时预览效果。此外，Octane 还支持多种物理模拟，如流体、布料和粒子等，能够为用户提供更多的渲染选择。

　　3. Pixar RenderMan

　　RenderMan 是一款具有渊源历史的渲染器，最初是在皮克斯动画工作室（Pixar

Animation Studio）成立的早期作为其内部渲染器而开发的。1988 年的动画短片 *Tin Toy*（小锡兵）是 RenderMan 的首秀，先驱性地开创了三维动画时代。RenderMan 经历过数次的大迭代，通常作为其他渲染器的参考标准，如 REYES、光线追踪（raytracing）、全局光、混合渲染架构、路径追踪（pathtracing）等。还有其中提出的渲染思路和算法，在现今绝大多数渲染器中都能看到其影子，如图 4-18 所示。

图 4-18　皮克斯公司的 RenderMan 渲染器发展历程

凭借其丰富的功能和优秀的可控性、可定制性渲染架构，无论是在写实渲染领域还是风格化渲染领域，RenderMan 都为用户创造了无数精彩的视效画面，如图 4-19～图 4-21 所示。

图 4-19　1991 年电影《终结者 2》中使用 RenderMan 制作的终结者 T1000

图 4-20　2017 年电影《银翼杀手 2049》中 MPC 使用 RenderMan 制作的瑞秋数字替身

图 4-21　2023 年电影《疯狂元素城》中 Pixar 使用 RenderMan 创作的具有风格化的角色与场景

4.3 ◀ 实时图形渲染引擎联合 DCC 开发流程与指标

4.3.1 原始资产开发

1. 资产模型

三维模型资产是由点向量与其他信息组成的数据，可以用 DCC 工具手工制作或按照算法生成，模型本身是不可见的，但可以通过简单的线框显示，或者通过对三维模型使用着色器和纹理，让模型具有体积及看起来更加真实的表面，如图 4-22 所示。

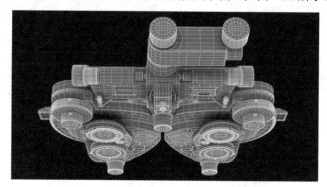

图 4-22 线框与基础着色器显示的模型

1）创建静态网格模型

多边形（polygon）建模是通过编辑和修改一个可编辑的多边形对象的不同子对象来完成的。可编辑多边形对象包括点（vertex）、边（edge）、环（border）、多边形面（polygon）和元素（element）这 5 种子对象模式。这种建模方式不仅支持三角形面和四边形面，还可以使用任意多个节点来创建多边形面。

多边形建模相对容易掌握，且在创建复杂表面时，可以自由地添加线条来增加细节，因此它特别适用于需要穿插复杂结构的模型，如图 4-23 所示。MAYA、blender、C4D（cinema 4D）、Houdini（电影特效魔术师）等用于影视的建模软件都支持多边形建模。需要注意的是，多边形建模并不会自动生成贴图的纹理集坐标（UV），需要在建模结束后单独对模型的 UV 进行编辑和整理。

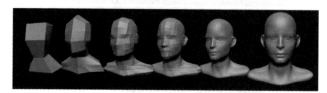

图 4-23 不断增加多边形增加模型细节

2）静态模型格式

使用不同软件制作的三维模型通常以各自研发的格式工程文件为载体，例如 C4D、MB、MAX、BLEND，同时还可以导出为各个软件之间可以互通的格式，如 3DS、ABC、FBX、GLTF、OBJ 等。其中，ABC 和 FBX 格式文件由于能承载动画绑定摄影机等数据，泛用性较强，得到行业管线内广泛的使用。

2. 材质贴图

材质贴图是三维图形和计算机图形中的关键元素，用于模拟物体的外观和纹理。贴图是二维图像或纹理，通过 UV 和模型的关系映射到三维模型的表面，从而模拟物体的外观。这些图像包含有关物体颜色、纹理、反射性质和其他视觉特征的信息，如图 4-24 所示。

图 4-24 一个由 5 张不同图片组成的常见贴图组

大部分渲染引擎会支持多种图像格式，固有色贴图需要注意存储的色彩空间，其他数据类型贴图会需要存储为 RAW 原始数据，此外置换贴图存储在具有更多位深的格式当中会有更好的表现。

BMP、FLOAT、JPEG、JPG、PCX、PNG、PSD、TGA、DDS 、EXR、TIF、TIFF 等，都是常见的贴图格式。其中，DDS 格式常常出现在需要兼容旧平台的游戏中，影视行业更多地使用 OpenEXR 这种具有很高灵活度的格式作为贴图标准。当然过去常用的便捷式网络图形（Portable Network Graphics，PNG）格式也是不少工作流中常见的，如图 4-25 所示。

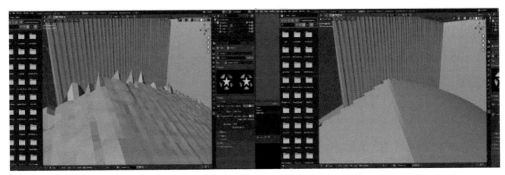

图 4-25 使用 PNG 格式作为置换贴图（左）使用 EXR 格式作为置换贴图（右）

某些 GPU 能够支持的纹理尺寸存在上限。例如，部分 GPU 可能无法支持超过 8 192（8K）像素的纹理。在实时引擎中，可以将几组贴图数据合并到一张贴图的不同通道中，以优化资源的使用量。当遇到复杂需求的超写实资产时，可以将不同区域的贴图以不同的分辨率存储在不同的 UDIM 空间中，以最大化利用有限的贴图资源。

1）PBR 材质

PBR（Physically Based Rendering）材质是一种基于物理的渲染材质，它能够更准确地模拟现实世界中物体的表面反射、折射和散射等物理特性，使渲染结果更加逼真自然。PBR 材质是通过一系列物理公式计算出物体表面的光照和颜色信息，并且可以基于物体的质地、金属度、粗糙度等参数进行调整，从而实现高度可控的材质效果，如图 4-26、图 4-27 所示。

图 4-26 PBR 不同贴图在模型上的示意

图 4-27 从左往右依次：材质渲染效果、反照率、粗糙度、金属度、法线、环境光遮蔽

PBR 材质常见参数及其说明，如表 4-1 所示。

表 4-1 PBR 材质常见参数及其说明

参 数	说 明
反照率（albedo）	反照率纹理指定了材质表面每个像素的颜色。跟漫反射纹理非常的类似，但是不包含任何光照信息，反照率贴图只包含材质的颜色
法线（normal）	法线贴图可以逐像素地指定表面法线，让平坦的表面也能渲染出凹凸不平的视觉效果
金属度（metallic）	金属度贴图逐像素地指定表面是金属还是电介质，采用不同的反射方式影响粗糙度和反照率的表现
粗糙度（roughness）	粗糙度贴图逐像素地指定表面的粗糙度，粗糙度的值会影响材质表面微平面的平均朝向，粗糙表面上的反射效果更大、更模糊，光滑表面则更亮、更清晰
环境光遮蔽（Ambient Occlusion，AO）	AO 贴图为材质表面和几何体周边可能的位置提供了额外的阴影效果。在光照计算的最后一步使用 AO 贴图可以以较低的资源开销显著地提高渲染效果，模型或者材质的 AO 贴图一般在建模阶段手动生成

PBR 材质已经成为现代计算机图形学中的主流材质，并且被广泛应用于游戏、影视特效、建筑可视化等领域，可以帮助艺术家和设计师更加准确地表达他们的创意。常见的 PBR 材质制作工具包括 Substance Painter、Quixel Mixer、Mari 等。

2）着色器语言

着色器（shader）用于对图像的表面和材质贴图进行渲染处理，如光照、亮度、颜色等，如图 4-28、图 4-29 所示。着色器主要有顶点着色器（vertex shader）和像素着色器（pixel shader）两种。实时渲染上着色器的语言有许多种，以下举例一些常见的着色器。

（1）HLSL：在 Microsoft 公司在 DirectX 9 之后图形程序接口开始使用的着色器语言。

（2）GLSL：OpenGL 图形程序接口使用的着色器语言。

（3）Metal Shading Language：苹果公司的图形程序接口使用的着色器语言。

（4）NVIDIA MDL：NVIDIA 公司为旗下产品开发并使用于 Omniverse 的着色器语言。

通常各个离线渲染器都有自己私有或者基于开源二次开发的着色器语言，如下为较广为人知的着色器语言。

（1）RenderMan Shading Language：Pixar 公司为旗下渲染器 RenderMan 开发的着色器语言。

（2）Houdini VEX Shading Language：SideFX 公司为旗下特效三维软件中 Mantra 渲染引擎开发的着色器语言。

（3）Open Shading Language：Sony Pictures Imageworks 公司开发的一种用于 Arnold 渲染器的开源着色器语言。

软件或硬件开发商也常常自己定义着色器语言，复杂多样的着色器语言对不同软件之间的互通提出了很大的挑战，多样化的 DCC 输入 / 输出迫使资产在不同软件之间经常需要重新创建着色器。MaterialX 是一种用于表示计算机图形中丰富的材料和外观开发内容的开放标准，它能协助艺术家在不同 DCC 平台之间使用同一个方式描述材质并互相传输材质数据。

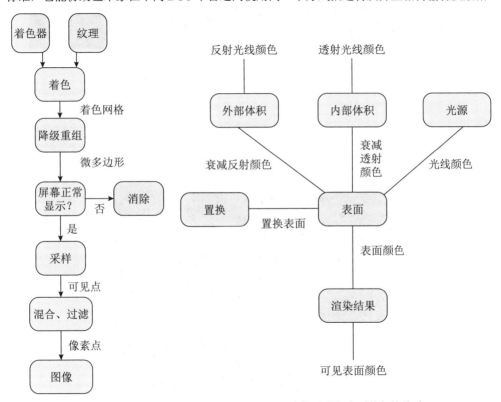

图 4-28　贴图与着色器的关系　　　　图 4-29　渲染照明与表面着色的关系

4.3.2　UE5 利用外部资产搭建场景

以下将介绍将外部模型迁移到 UE 的具体方法。

1. 使用 FBX\OBJ 等其他模型支持的格式进行导入

默认情况下，选择要导入的网格体后，将出现"FBX 场景 导入选项"对话框。在该对话框中可以对模型的属性进行调整修改。如模型的变换、轴心、材质匹配、法线、多细节层次（Levels Of Detail，LOD）等。导入后，会在资产管理器中生成静态模型资产和材质贴图资产，如图 4-30、图 4-31 所示。

图 4-30　FBX 导入选项

图 4-31　FBX 场景导入选项

2. 导入 Alembic 文件

Alembic 文件格式（ABC）是一个开放的计算机图形交换框架，它将复杂的动画化场景浓缩成一组非过程式的、与应用程序无关的烘焙几何结果。UE4 允许通过 Alembic 导入器导入 Alembic 文件，在外部自由地创建复杂的动画，然后把它们导入 UE4 并实时渲染它们，如图 4-32 所示。

图 4-32　导入 Alembic 文件

导入 Alembic 文件的方式类似于其他几种导入内容到 UE 的形式。在偏好的 DCC 应用程序中创建资产，并在其中导出为 ABC 格式文件。然后在 UE 的内容浏览器（content browser）内将其作为静态网格体（static mesh）、几何体缓存（geometry cache）或者骨架网格体（skeletal mesh）导入。

3. 导入通用场景描述文件

通用场景描述（Universal Scene Description，USD）交换格式是由 Pixar 公司开发的开源格式，用于稳健地、可扩展地交换及增强任意 3D 场景，这些场景可能包含许多基础资产，USD 不仅提供了多类工具用于读取、写入、编辑和快速预览 3D 几何图形和着色效果，还提供了元素资产（如模型）或动画的交换。

与其他交换打包形式不同，USD 还支持将任意数量的资产汇编和整理到虚拟布景、场景和镜头中。然后，可以在单个场景图中使用单个一致的应用程序编程接口（Application Programming Interface，API）将这些内容在应用程序间传输，并以非破坏性的方式编辑它们。

4. Datasmith 插件

UE 的 Datasmith 插件用于将其他 3D 建模软件（如 SketchUp、3DS Max、Revit 等）中的设计数据导入 UE 中。它允许用户轻松地将整个场景或单个模型从其他软件中导入，并自动转换为可在 UE 中使用的静态网格体、材质和灯光。这样，用户可以直接将设计师或建筑师的设计概念带入虚拟现实环境中，以更直观的方式进行交互和演示。

Datasmith 插件还提供了各种选项，以便用户根据需要更好地控制导入的数据。例如，用户可以选择仅导入需要的部分，如网格和纹理，而不包括灯光和相机等。还可以进行一些优化，如合并网格和减少顶点数，以提高 UE 的性能。

目前，Datasmith 插件支持 3ds Max、Sketch Up Pro、Rhino、Cad、Solid Works、C4D、blender 等 DCC 软件场景导出。

在使用 Datasmith 插件导入文件后，将会创建一组单独的静态网格体资产，每个网格体资产代表场景的一个构建块，即一个独立的几何结构数据块，可以将其放置到关卡中并在 UE 中渲染。在将场景划分为静态网格体时，Datasmith 插件会尽量保持已经在源应用程序中设置好的对象组织结构，并创建一个 Datasmith 场景资产，然后根据导入的文件命名。这种新类别的自定义资产是 Datasmith 插件导入策略的一个关键部分。它的作用是在 UE 编辑器中，重新组合导入的静态网格体构建块和场景所需的所有内容，以及 UE 提供的内置对象。

5. 将 FBX 场景直接导入关卡

UE 中提供了一个非常方便的功能——将完整的 FBX 场景导入关卡中。这个功能可以让用户在导入资源时更加高效、灵活，而且可以完全控制导入的资源。用户既可以通过导入设置对每个资源进行控制，还可以有选择地重新导入在 UE 之外进一步编辑的资源，如图 4-33 所示。

目前版本中，FBX 完整场景导入支持多种资源类型，包括静态网格体、骨架网格体、动画、材质、纹理、刚性网格体、变形目标、摄像机和光源等。

用户可以选择将所有选定的 FBX 场景资源导入为单个关卡 Actor、单个 Actor 的组件或单个蓝图 Actor 类的组件（这是支持完整场景重新导入的唯一方法）。导入 FBX 场景后，所有资源都将与 FBX 场景数据资源共同导入到项目中，并包含原始 FBX 场景与刚导入至项目的所有资源之间的全部链接信息。

在 UE5 中，建模模式（modeling mode）提供了一个工具集，用于直接在 UE 中创建、塑造和编辑网格体。使用建模模式，可以创建新的网格体，快速制作关卡几何体的原型，或者编辑现有模型来为游戏世界引入多样性。

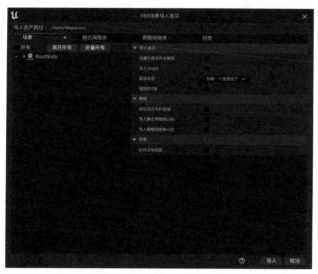

图 4-33　FBX 场景导入选项

4.3.3　实时渲染

以 UE5.0.3 举例，比较影片场景捕获（旧版）与新版的影片渲染队列（Movie Render Queue，MRQ）的区别。

1. 影片渲染队列的启用

UE 的默认渲染方式是影片场景捕获（旧版），而启用影片渲染队列则需要打开两个插件，如图 4-34 所示，分别是 Movie Render Queue 和 Movie Render Queue Additional Render Passes，如图 4-34 所示。

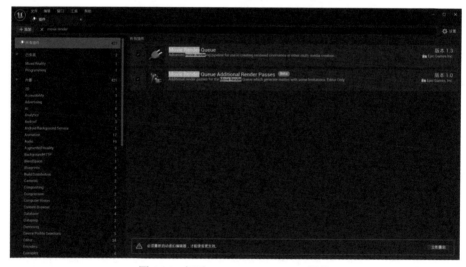

图 4-34　打开 Movie Render Queue 插件

2. 影片场景捕获

如图 4-35 所示，影片场景捕获这一渲染方式可以调节的参数较少。影片场景捕获是较旧的渲染方式，其可以相对迅速地渲染出 AVI 格式的视频，同时也可以渲染 PNG、JPG 等格式，但是可自定义程度并没有影片渲染队列高。在更多情况下，推荐使用影片渲染队列。

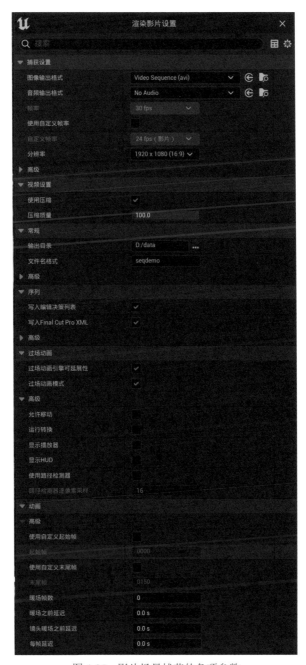

图 4-35　影片场景捕获的各项参数

3. 影片渲染队列的各项参数

如图 4-36 所示，影片渲染队列设置分为 3 个模块。

（1）设置模块——用于设置输出质量和额外功能。

（2）导出模块——用于设置输出格式。

（3）渲染模块——用于设置输出内容。

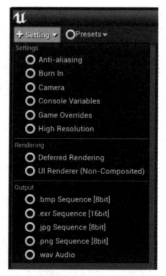

图 4-36　影片渲染队列的各项参数

三大模块的具体功能如表 4-2 所示。

表 4-2　Movie Render Queue 三大模块功能明细表

名称	设置（Settings）说明
抗锯齿（Anti-aliasing）	控制渲染最终图像时使用的采样数量和采样类型
烧入（Burn In）	用于添加带有信息的覆层，信息包括场景或镜头的名称、日期、时间或帧信息等。这些覆层也称烧入（Burn Ins），因为它们在渲染时被烧录进影片。如有需要，可以替换为自定义控件
摄像机（Camera）	可用于控制快门设置，进而影响运动模糊和曝光等效果
控制台变量（Console Variables）	通过影片渲染队列进行渲染时，特地调用并执行某些控制台变量
游戏覆盖（Game Overrides）	覆盖一些与游戏相关的常见设置，例如游戏模式（Game Mode）和过场动画质量（Cinematic Quality）设置。如果游戏在正常模式下会显示你不想采集的 UI 元素或加载屏幕，则此功能很有用
高分辨率（High Resolution）	允许你使用平铺渲染生成更大的图像，生成通常情况下因最大纹理尺寸或 GPU 内存限制而无法生成的超大图像
名称	渲染（Rendering）说明
延迟渲染（Deferred Rendering）	默认选项。关闭延迟渲染会禁用最终帧渲染，但不会使队列停止处理配置设置中的其他步骤
UI 渲染器（非合成）（UI Renderer (Non-Composited)）	将 UMG 小部件渲染到单独的 .png 或 .exr 文件中可提供灵活性，该文件可以与单独的合成应用程序（如 Adobe Premiere 或 Final Cut Pro）中的帧渲染合成，在合成与界面相关的图形时很有用

名称	输出（Output）说明
Output 中的图像输出类型	.bmp 序列，无 Alpha 通道，无损，能快速写入磁盘，但由于其无压缩格式，文件尺寸较大 .exr 序列，有 Alpha 通道，无损，由工业光魔公司开发的一种高动态范围格式，用于视频合成 .jpg 序列，无 Alpha 通道，有损，较小的文件大小使此格式适合预览 .png 序列，有 Alpha 通道，无损，文件较大，但图像质量更高 .wav 音频，用于音频输出

4. 景深

UE 目前使用两套景深系统——CircleDOF 和 Cinematic Camera DOF。CircleDOF 用于实时渲染景深表现，Cinematic Camera DOF 用于影视级渲染景深表现。

影响影视级景深表现的因素有以下几项。

（1）影片渲染队列抗锯齿样本数量，影响景深质量。

（2）镜头光圈和焦距设置，影响景深效果。

（3）镜头光圈叶片数量，影响景深光斑形状。

5. 在引擎中提高渲染质量的设定

（1）如图 4-37 所示，将屏幕百分比提高。

图 4-37　打开左上角的选项卡可以调整屏幕百分比参数

（2）如图 4-38 所示，将引擎可拓展性（engine scalability settings）质量提高。

（3）如图 4-39 所示，将材质质量等级提高。

图 4-38　打开左上角的设置可以调整引擎可拓展性　　　　图 4-39　材质质量级别的调节

4.4 ◀ 实时图形渲染引擎中的动画系统

4.4.1　Sequencer

Sequencer 是 UE 中提供的非线性工具，可以用于快速创建过场动画内容。使用 Sequencer，用户可以创建和修改时间轴上的轨道和关键帧，以制作 Actor、摄像机、属性及其他 Actor 的动画。

Sequencer 还可以用于创建 Cine Camera Actor 或将已有的摄像机 Actor 添加到序列中。在 Sequencer 中，可以通过变换轨道（transform track）为摄像机添加关键帧动画，使摄像机在序列播放过程中产生动态效果。

此外，用户还可以选择角色、光源或其他类型的 Actor，并将该 Actor 的轨道添加到 Sequencer 序列中。这样，用户可以为这些 Actor 制作动画，并在序列中控制它们的动作和属性变化。

4.4.2　FBX 导入并调整模型动画

FBX 是模型动画的最常见、最通用的格式。

在创建角色动画时候，使用 FBX 内容通道创建动画并将其导入 UE 实际上只需要一个带动画的骨架。是否将网格体绑定到骨架则完全取决于使用者。绑定后创建动画将更为简单，因为使用者可以清楚地看到网格体在动画中的变形。而在导出时则只需要骨架，如图 4-40 所示。

在使用 UE 进行 FBX 动画文件的导入时，要先在 DCC 软件中将动画导出至 FBX 文件，动画需要单个导出，如果需要同一骨骼的不同姿态和动画则需要先导入其骨骼动画的骨架网格体（在导入时取消勾选"导入动画"复选框）。此外，UE 同时支持带或不带骨骼网格体的动画。

图 4-40　FBX 导入选项

在 DCC 软件的导出功能或菜单中选择导出文件为 FBX 格式，选择导出文件地址并确认勾选"导出动画"复选框。

1. 导入骨骼网格体的动画

在内容浏览器中选择"导入"按钮并复制文件存储的路径，选择需要导入的 FBX 文件，随后在 FBX 选项设置中选择适当设置，最后选择"导入"或"全部导入"将选中项或全部 FBX 文件导入 UE。

如果导入成功，导入的骨骼网格体和动画将出现在内容浏览器中，如图 4-41 所示。

图 4-41　内容中的角色动画

如果导入的是角色动画，则可以在导入动画之前的 FBX 选项中选择提前已经导入到 UE 中的骨骼，也可以在导入动画之后在动画的细节版面进行骨骼的选择。

2. 导入不带骨骼网格体的动画

和以上步骤相同，但是在导入时必须选择已有骨骼。

如图 4-42 所示，导入模型之后选择合适的骨骼网格体后可以进入动画的细节模块对动画资产的动画曲线进行编辑。

图 4-42　角色动画编辑模式

4.4.3　FBX 导入并调整摄影机动画

（1）请务必确定将所有模型和摄像机重置变换或清空编辑记录归零。

（2）选择模型动画，按照图 4-42 中的设置将其导入 UE 中。

（3）在 DCC 软件中选择已有动画的摄像机，并将其动画单独导入 FBX 中。

（4）在 UE 中新建 sequence 关卡序列，在关卡中选择操作并导入需要的摄像机动画。

（5）如图 4-43 和图 4-44 所示，在序列中添加开始导入的摄像机动画。

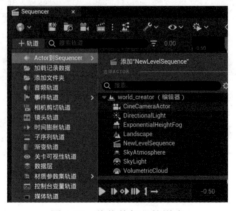

图 4-43　将物体加入轨道中

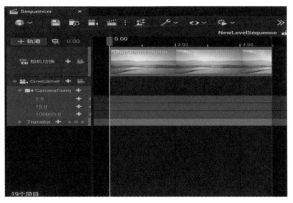

图 4-44 sequencer

（6）导入摄像机后可能会发生物体偏移，需要将摄像机和模型全部的位移旋转和缩放归零。

（7）调整之后摄像机和模型的相对位置应该正确。

由于摄像机动画直接被导入 sequence，因此在已经有关键帧的情况下，无法在 transform 中继续设置位置偏移。想要编辑摄像机和模型动画，则需要进一步新建 Actor，并将摄像机和模型动画设置为 Aector 子集，之后调整 Actor，就能实现编辑摄像机和模型的位置偏移。

4.5 实时图形渲染引擎中的地形编辑工具

4.5.1 Landscape

Landscape 是 UE 中的一个强大的地形编辑工具，可以用来创建大型开放世界的地形和环境。Landscape 可以生成大量的地形数据，包括高度图、法线贴图、深度贴图和粗糙度贴图等，并提供了多种地形材质和草地类型来帮助创建出细致、逼真的环境场景。

在 Landscape 编辑器中，可以使用多种工具进行地形的塑形和细节的添加，包括雕刻刷、平滑刷、涂抹刷、拉伸刷和添加对象等工具。此外，Landscape 还支持地形的导入和导出，以及高度图的导出和导入，可以方便地从其他软件或工具中获取或导出地形数据。

Landscape 还提供了多种调整和优化工具，帮助调整地形的细节和性能，如景深调整、材质优化和 LOD 系统等。通过这些工具，可以创建出充满细节和真实感的环境场景，同时确保场景的性能和流畅度。

当编辑 Landscape 时，可以使用地形（landscape）工具面板上的新建地形（new landscape）选项重新创建一个新的地形。创建地形时，可以设置地形的各种属性，如地形的尺寸、分辨率、高度范围和高度图的大小等。同时，还可以将地形所使用的材质指定为已创建的材质。

4.5.2 使用地形模式编辑

一旦创建了地形，用户可以使用各种工具来进一步修改它。例如，可以使用雕刻笔刷来绘制高度值，或者使用算法工具来实现侵蚀等效果。每个工具都有一组可调参数，可用于调整它们对地形的影响效果。此外，还可以使用地形编辑器的绘画工具来绘制草、树和植被等物体，使地形更加逼真。

4.5.3 地形编辑辅助工具

1. World Machine

World Machine 是一款用于创建高质量地形的软件。它采用了节点图式的界面，让用户可以在其中组合各种算法和过程，以生成逼真的地形和自然环境。

World Machine 可以与 UE 等游戏引擎无缝集成，生成的地形可以直接导入游戏引擎中使用。在使用 World Machine 时，用户可以选择从零开始创建地形，也可以使用现成的模板和预设来加速工作流程。用户可以通过雕刻、噪声、颜色、分形等方式来自定义地形，还可以控制水平线、坡度、崖壁、峡谷等地形细节。

World Machine 不仅可以生成静态地形，还可以创建动态地形，如河流、湖泊、雪、沙漠等。此外，World Machine 还支持各种高度图、纹理图和多通道图像的导出，使用户可以更方便地在其他软件中使用生成的地形和自然环境。

2. World Creator

World Creator 是一款专业的地形生成软件，它可以帮助用户快速创建逼真的 3D 地形。用户可以使用 World Creator 的强大工具来模拟各种不同类型的地貌，如山脉、丘陵等。

World Creator 具有直观的用户界面和易于使用的工具。用户可以使用工具面板中的各种选项来调整地形属性，如高度、倾斜、纹理、岩石、植被等。此外，World Creator 还支持自定义纹理和模型的导入，以便用户添加自己的个性化元素。

World Creator 还提供了强大的渲染工具，用户可以在软件内部实时预览地形的变化，并可以将结果导出为高质量的地形贴图和模型，以便在 UE、Unity 和其他 3D 引擎中使用。此外，World Creator 还支持导出高度图、遮罩贴图、法线贴图等多种地形数据格式，为用户的后期处理提供更多的选择。

3. Gaea

Gaea 是一款数字地形生成软件，可以用来创建逼真的自然地形。它支持高分辨率地形的生成，可以导入多种数据源，如数字高程模型（Digital Elevation Model，DEM）、光探测及测距（Light Detection And Ranging，LIDAR）、卫星图像等，也可以手动绘制地形。

Gaea 的强大功能之一是可视化高度数据，可以让用户直观地看到地形的高度变化，使用户更容易对其进行修改。另一个强大的功能是 Gaea 的着色器工具。可以在地形上应用多个着色器，包括高光、阴影、雾和湿度等效果，从而可以快速创建逼真的环境场景。Gaea 还支持在地形上添加照明效果，包括太阳光和灯光。这可以预览地形在不同时间和光照条件下的外观，从而更好地了解它们的外观和特性。

除此之外，Gaea 还提供了大量的导出选项，允许将地形以多种格式导出到其他 3D 建模软件或游戏引擎中使用。

4.6 ◀ 实时图形渲染引擎中的地形材质

4.6.1 分层材质

在 UE 中使用 Landscape Layer Blend（景观层混合）节点或 Landscape Layer Weight（景观层权重）节点来混合多个纹理或材质网络，以便作为地形图层。Landscape Layer Blend

材质节点有三种不同的混合模式可供选择，用于尝试实现不同的结果。

第一种混合模式是 LB Weight Blend，它适合于从外部程序，如在 World Machine 中获取的图层，或者在不考虑图层顺序的情况下独立绘制图层时使用。

第二种混合模式是 LB Alpha Blend，它适合于绘制细节，并需要定义图层顺序的情况。例如，在岩石和草上绘制雪时，雪应遮挡岩石和草，但擦除雪时，应该露出下面的岩石和草。

第三种混合模式是 LB Height Blend，它与 LB Weight Blend 相似，但还根据高度图在层之间的过渡中增加了细节。例如，它允许在图层过渡点处的岩石之间的缝隙中显示灰尘，而不仅是在岩石与灰尘之间平滑混合。

4.6.2　绘制材质

在 UE 中，使用地形绘制材质（Iandscape Material）来对地形进行绘制和着色。地形绘制材质是一种材质实例，包含了用于着色和绘制地形的节点和材质。将这种材质应用到地形组件上，以便对地形进行着色和绘制。

在地形绘制材质中，使用各种节点来实现不同的效果，如纹理采样、高度图采样、混合、蒙版、颜色校正、微表面反射等。使用这些节点来创建一个复杂的材质网络，以实现逼真的地形绘制效果。

为了在地形上绘制材质，需要使用蒙版（Mask）。蒙版是一个黑白图像，用于指定地形上的某些区域应该使用材质的哪些部分。使用蒙版工具来手动绘制掩模，或者使用自动生成蒙版的工具，如自动生成草地的工具等。

创建好地形绘制材质和蒙板后，可以将它们应用到地形组件上。在地形组件上，选择使用的地形绘制材质，以及应用材质的蒙版。这样，可以在地形上绘制材质，以实现逼真的地形效果。

4.7 ◀ 实时图形渲染引擎中的流体解决方案

以 UE5 流体模拟解决方案为例。

流体模拟是指通过算法生成表示流体（如气体或液体）运动的数据的过程。这种模拟数据可以表示为网格或粒子，具体取决于所使用的算法。

UE 中的流体内容包括网格、运动模拟、碰撞对象等，如图 4-45、图 4-46、图 4-47 所示。

图 4-45　网格

图 4-46　运动模拟

图 4-47　碰撞对象

　　在 UE5 中可以使用物理引擎进行流体模拟，如水、烟雾、火等。UE 中的流体模拟使用尼亚加拉（Niagara）粒子系统实现，Niagara 是 UE 的一个模块，用于创建高级粒子特效，当然粒子还可以在系统中附加网格体材质等组件信息。Niagara 流体模拟系统的目标是创造各种复杂的流体效果，以满足在游戏和场景动画中对实时流体效果的需求。此系统还具有将复杂的模拟效果转化为序列图像的能力，以满足更广泛的应用需求。

　　如图 4-48 ～图 4-50 所示，流动鱼群、闪烁灯火、渐散烟雾均利用 Niagara 系统呈现。

图 4-48　流动的鱼群

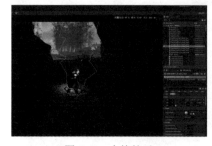

图 4-49　火焰粒子 1

图 4-50　火焰粒子 2

如图 4-51 所示，使用 Niagara 粒子系统，可以创建复杂的流体模拟效果，如水的波浪、涡流、水花和瀑布等。流体模拟的基本原理是在一个三维空间中模拟粒子的运动，这些粒子被分配给不同的属性（如密度、速度、压力等），并根据流体行为的物理规律进行模拟。

图 4-51　Niagara 界面

如图 4-52 所示，UE5 自带了许多基础的 Niagara 模板，可以在创建 Niagara 时选择"来自所选发射器的新系统"命令或直接从模板新建系统来简化大量操作。

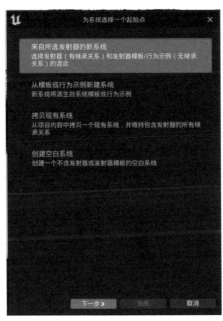

图 4-52　建立 Niagara 时，选择"来自所选发射器的新系统"命令

如图 4-53 所示，可以在已有的发射器基础上添加自己的模拟效果等，来制作粒子效果。

图 4-53　不同发射器预设

若要直接选择"模板"命令新建 Niagara，则需要先打开 NiagaraFluids 插件，如图 4-54 所示。

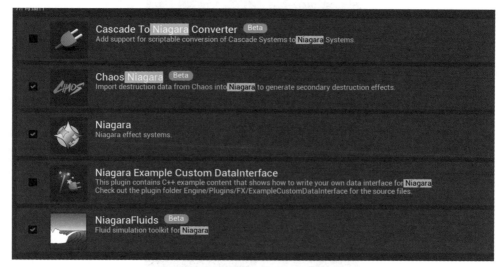

图 4-54　打开 Niagara Fluids 插件

由此便可以直接得到制作完成的 Niagara 粒子效果，如烟、火、水等。在这些完备的效果上进行修改，如图 4-55 所示。

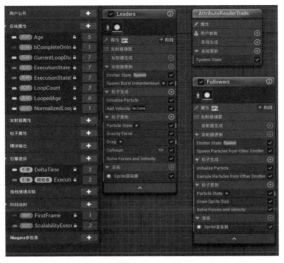

图 4-55　UE 内置制作完备的 Niagara 资产

4.8 ◀ **数字资产场景搭建案例实操**

下文将以 UE5 中三维场景搭建为例，介绍如何搭建数字资产场景。

4.8.1　新建地图和地形

先在 UE5 中新建关卡，关卡承载着绝大部分的资产。随后在资产中根据世界分区新建地图和地形。

如图 4-56 所示，UE 内置了自己的地形系统，可以通过更改模式进入地形编辑模式进行操作。地形编辑允许用户创建、管理、编辑地形信息，其中主要包括自定义化的创建地形分区、雕刻地形结构、绘制并混合地形纹理贴图等功能。

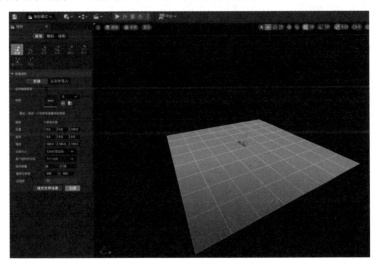

图 4-56　UE 地形编辑模式

自定义化的创建地形分区，允许用户执行创建、导入、导出、选择、添加、删除等操作。

雕刻地形结构，如图 4-57 所示，允许用户对选中的地形进行更细一步的结构编辑，雕刻信息会直接应用于地形的网格体上，允许用户进行雕刻、平滑、平整、斜坡，重拓扑等操作；支持根据外部创建的高度图生成和创建地形。

绘制并混合地形纹理贴图，如图 4-58 所示，允许用户用不同笔刷类型对地形混合、应用相应已经准备好的地形材质贴图，分层的贴图绘制和混合的逻辑类似于 Substance Painter 软件或 Photoshop 软件。

图 4-57　地形雕刻模式　　　　　　　　图 4-58　地形绘制模式

在更多情况下，UE 中的地形一般都是从外部导入高度图进行生成，地形编辑模式不便于处理十分复杂的地形结构，适合在导入高度图之后做整体的调整。

新建地形结构后结果大致如图 4-59 所示。

图 4-59　平坦地形和单一材质

4.8.2　基本天气系统配置

为了观感和视觉效果，可以进行最基本的天气系统的配置。在 UE 中，天气系统的最主要意义是为场景提供环境和照明条件。UE 中的大气环境系统由天空大气、体积云、定向光源和天空光照的光照组件构成，它们可以无缝协作，为大型世界提供动态的环境光照效果。

在 UE 中，可以通过以下组件创建环境光照：首先最多使用两个定向光源用于太阳和月亮或任意组合的照明设置；其次，放置一个天空光照组件，可选择启用实时捕获功能；然后添加一个天空大气组件，具有自身的高度雾；最后，加入带有或不带有天空球网格体的体积云。

通过启用实时捕获功能，可以使用键盘快捷键来动态改变光照效果并立即查看结果。

此外，UE 还提供了一个光源混合器，如图 4-60、图 4-61 所示，光源混合器可以添加、编辑和引用定向光源、点光源、聚光源和矩形光源等属性。光源混合器作为可停靠的编辑器窗口，简化了美术师和设计师的操作并加快了工作流程。除此之外，光源混合器还支持使用集合进行编辑。

图 4-60　添加光源

图 4-61　添加视觉效果

虚幻商城也提供了功能更加强悍的天气系统插件，如 Ultra Dynamic Sky（超动态天空，如图 4-62 所示）、Ultra Dynamic Weather（超动态天气）等相关付费插件，让用户可以在很短时间内实现天空的日夜交替、动态云、月亮、星星、天气效果等。其中包括 3D、2D 的动态体积云、静态云；完整昼夜交替变化对物体的照明方案，用于渲染详细夜空、星星、月亮的数据；由日月光形成的体积云投影、极光等特殊效果；能够根据地球经纬度坐标计算模拟日月方位、出现时长等天气信息的模拟系统。

图 4-62　Epic Games 商城中的超动态天空插件

　　超动态天气是超动态天空的内置蓝图系统，可以直接和天空进行集成，生成更丰富的天气效果，其中包括了雨、雷电、雪、尘埃等。天气粒子还可以设置碰撞系统，和场景实现更真实自然的交互。插件还提供了丰富的预设效果，如雷暴、小雨、暴风雪，用户可以根据预设或新建预设实现自定义天气效果。除此以外，插件还提供天气的声音系统和室内的声音屏蔽系统等。

　　在场景中，依次添加天空和体积云，如图 4-63 ～图 4-65 所示。

图 4-63　添加天空和体积云

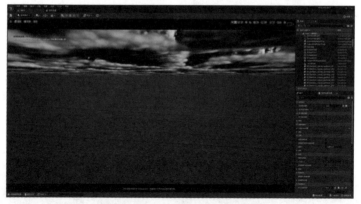

图 4-64　添加指数级高度雾

图 4-65　添加天空光照

如图 4-66 所示，接下来可以根据设计需求塑造地形。

图 4-66　雕刻大致地形

如图 4-67 所示，地形既包括网格体的雕刻，也包括之前提到的地形材质混合。

图 4-67　用材质的方式对地形进行分区

如图 4-68 所示，在开始摆放物体之前，可以先摆放场景白模进行资产的三维定位和视觉预览，这不是必须的步骤，但是能更好地帮助设计场景。

图 4-68　根据地形分区进行资产的白盒设计

4.8.3 引入资产

1. UE 的资产来源

在引入资产之前，可以先了解 UE 的资产来源。

Quixel Bridge 是 UE 自带的资产库，整体资产分为 3D 网格体资产、3D 植物资产、表面材质资产、贴画资产、细碎杂物、碎痕脏迹、置换贴图、笔刷预设等。如图 4-69、图 4-70 所示，在 UE 的内容侧滑菜单中可以选择"添加"→"添加 Quixel 内容"命令，在 UE 中添加的所有 Quixel bridge 资产将全部出现在 Megscanse 文件夹中。进入 Bridge 对话框后可以选择并下载不同精度（LOD）的资产。在选定相应资产之后可以直接拖拽进入关卡场景，也可以在 Bridge 对话框中先选择下载到 Bridge 的本地（local）中，在需要的时候单机图标右上角的加号添加到相应工程文件中。

图 4-69　从引擎中打开 Bridge 资产库

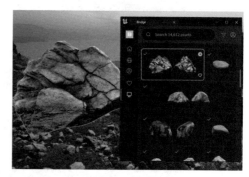

图 4-70　将资产下载并应用到本地

如图 4-71 所示，除了在虚幻中直接使用 Quixel Bridge 的资产，还可以在 Quixel 官网上下载 PC 端的 Quixel Bridge。打开之后和在 UE 中的内容和操作几乎相同，但其允许用户以 ABC 和 FBX 格式直接导出一些可编辑性更强的资产，在 DCC 软件中进行编辑之后再以同样的方式导回虚幻中。

图 4-71　免费高质量资产库：Quixel Bridge

在传统 DCC 软件中搭建资产模型、进行拓扑工作、拆分模型 UV、烘焙模型贴图、绑定模型、创建动画等工作后，准备好进引擎的模型、骨骼、贴图（材质球）、动画文件等资产，如图 4-72 ～图 44-76 所示。

图 4-72　模型搭建

图 4-73　动画制作

图 4-74　高模雕刻

图 4-75　模拟灯光

图 4-76　贴图制作

2. 载入模型资产

在 FBX 导入选项（FBX import options）菜单中，可以对要导入的三维模型资产进行属性参数的调整和修改。例如改变三维模型资产的轴向、轴心、法线、材质属性、LOD 等。导入成功后，可以在资产管理器中生成三维模型资产和材质贴图的资产，如图 4-77、图 4-78 所示。

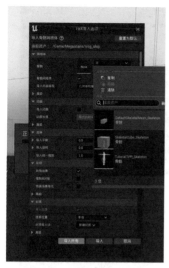

图 4-77 FBX 导入选项

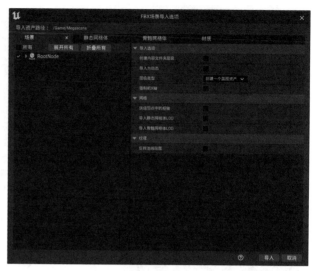

图 4-78 FBX 场景导入选项

3. 编辑模型的纹理材质

将外部的网格体载入 UE 之后，还需要对模型的纹理材质进行编辑。

当涉及到场景中物体的视觉效果时，UE 的材质起着关键的作用。材质可以被视为涂在物体表面的"涂料"，它定义了物体表面的各个方面，如颜色、反射、透明度和粗糙度等，告知渲染引擎如何渲染场景中的物体。

材质在 UE 中是一种资产，类似于静态网格体、纹理和蓝图等。如图 4-79、图 4-80 所示，在材质编辑器中，可以使用节点式编辑器创建材质表达式，这些表达式控制材质的属性和行为。在编辑材质时，必须编译材质才能在场景中看到效果，根据材质的复杂程度编译时间会有所不同。可以通过创建材质实例和材质函数来减少所消耗的时间。

图 4-79 新建材质

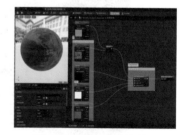

图 4-80 材质实例父项

如图 4-81、图 4-82 所示，材质实例可以帮助快速创建多个变体或实例，而无须重新编译父材质。当需要一组相关资产既具有相同的基本材质又具有不同的表面特征时，可以使用实例。

使用实例有两个优点。一是可以自定义材质实例，而不必重新编译父材质。这意味着对实例所做的更改在所有视口中都能立即看到，从而提高工作效率。二是可以在材质实例编辑器中向美术师展示参数，这可以帮助他们快速直观地创建材质变体，而无须编辑更复杂的节点图表。

图 4-81　FX（材质资产）　　　　　图 4-82　根据材质创建材质实例

　　需要注意的是，编译材质实例可能需要一些时间，但通过创建并应用材质函数可以有效减少编译延迟。此外，在材质实例编辑器中，可以轻松地管理材质实例，并为每个实例分配唯一的名称和属性。

　　如图 4-83、图 4-84 所示，材质函数是一种重复使用的资产，是材质节点的一种集合，可在多个材质中使用，以便在材质编辑中快速访问常用的材质节点网络。UE 提供了几十个预制的材质函数，它们可以被编辑以改变其行为，也可以在编辑器中创建自己的材质函数。材质函数可以像普通节点一样插入到材质图表中，也可以像其他节点一样连接到其他节点。使用材质函数可以大大简化材质的创建，并增加代码重用性，节省时间和精力。

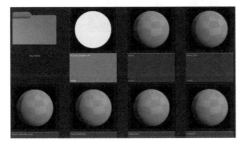

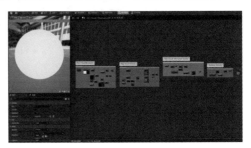

图 4-83　材质函数　　　　　　　　图 4-84　材质函数及内容

4. 材质输入引脚（PBR 流程）

1）Base Color 基础色

　　如图 4-85 所示，只保存颜色信息，没有任何光照信息。各个通道的数值位于 0 ～ 1 之间。

2）Metallic 金属度

　　金属度的参数值通常为 0 或者 1，0 代表非金属，1 代表金属。金属度最正确的设置方式是全开或全关，自然界中没有既不是金属也不是非金属的物体。数值为 0 时，材质底色是 diffuse；数值为 1 时，材质底色是 Specular/Reflection color。

3）Specular 高光度

　　如图 4-86 所示，高光仅仅对非金属有效。高光度的参数值范围在 0 ～ 1 之间默认为 0.5。

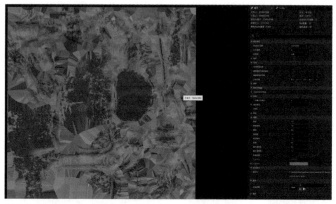

图 4-85　基础色贴图

图 4-86　高光度贴图

通常情况下，通过调整粗糙度（Roughness）来调整高光质感。此外，Sepcular 和 Roughness 是两套处理 BPR 材质的不同流程，二者不可兼容。

4）Roughness 粗糙度

如图 4-87 所示，粗糙度参数值在 0 ~ 1 之间，默认为 0.5。数值为 0 时，效果无限接近于镜面反射；数值为 1 时，为粗糙表面。

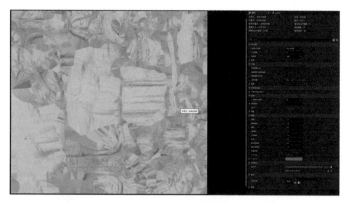

图 4-87　粗糙度贴图

5）Normal 法线

如图 4-88 所示，用光照信息以表现物体表面的凹凸感。

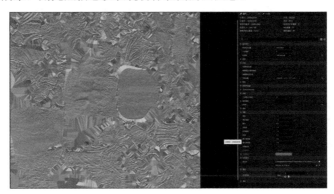

图 4-88　法线贴图

6）常见材质节点及其快捷键

表 4-3　常见材质节点及其快捷键

节 点 名 称	说　　明	快 捷 键
constant	一维向量	按住 1 键并单击
constant2Vector	二维向量	按住 2 键并单击
constant3Vector	三维向量	按住 3 键并单击
constant4Vector	四维向量	按住 4 键并单击
add	加法，数值相加 / 纹理相加	按住 A 键并单击
sub traction	减法，数值相减 / 去除共有的纹理	按住 S 键并单击
multiply	乘法，数值相乘 / 纹理的混合	按住 M 键并单击

7）贴图导入方式

（1）直接拖入项目。

（2）右击 content browser 命令，在弹出的快捷菜单中选择 import Assets 命令。

8）工程材质示例

材质节点树示意图，如图 4-89、图 4-90 所示。

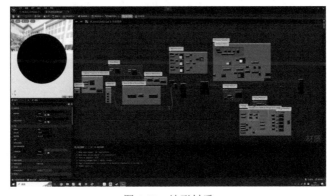

图 4-89　地形材质

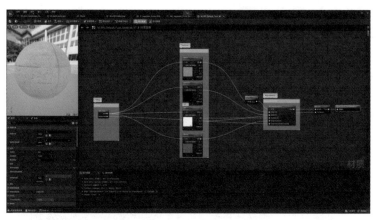

图 4-90　Bridge 导入资产母材质

　　Bridge 导入的资产的材质实例调整，可以勾选参数前面的复选框，启用该参数的调整，如图 4-91 所示。

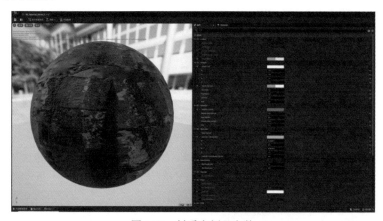

图 4-91　材质实例及参数

如图 4-92 所示，之前用到的地形材质是分层材质，是由多个材质混合而成。

图 4-92　混合而成的地面材质

如图 4-93 所示为水面材质。

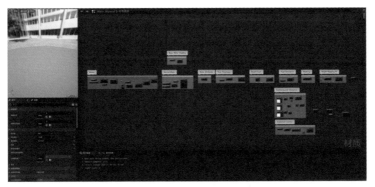

图 4-93　水面的材质节点

如图 4-94 所示，根据之前已经设计好的场景，载入并摆放需要的模型资产替换白模。

图 4-94　添加资产替换白模

4.8.4　添加植被

UE 内置了自己的植被系统，可以通过更改模式进入植被模式进行操作。如图 4-95、图 4-96 所示，植被模式支持用户对植被资产进行选择、绘制、填充、抹除等操作，每个选项会包含笔刷选项、过滤器、植被库等不同内容。

图 4-95　UE 植被模式

图 4-96　选用绘制的植物体

笔刷选项可以调整笔刷尺寸、绘制密度、擦除密度等，如图 4-97 所示。过滤器主要控制笔刷影响的位置，如地形、静态网格体、二叉空间分割（Binary Space Partitioning，BSP）、植物、半透明材质物体等，如图 4-98 所示。

图 4-97　笔刷绘制选项　　　　　图 4-98　过滤器选项

在植被模式中可以自定义植被库的资产，还可以在其中选择并加入静态网格体，这些网格体将被重新生成文件并识别为植被资产，在资产库中选中需要编辑的植物资产可以进行各种操作，从理论上讲，植被系统可以为地形创建植被、特定景观，甚至地形机理。

如图 4-99、图 4-100 所示，当植被类型的资产被设置到场景中后，可以再次选择并编辑已设置的植被对象，通过植被模式创建的资产在大纲视图中显示为一个 Actor，再次进入植被模式仍然可以选择单个或多个并进行编辑。

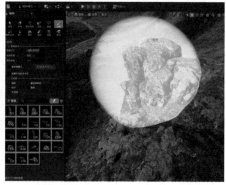

图 4-99　添加各种植物体　　　　　图 4-100　用植被系统塑造具体地形

按照场景环境和优化措施的需求添加植被资产，最终效果如图 4-101 所示。

图 4-101　完成地形、植被和资产添加后的效果

4.8.5 配置灯光

静态的场景搭建已基本完成，接下来要添加基本的灯光让场景更加有氛围感和真实感。

如图 4-102 所示，UE 中提供了多种不同类型的光源，包括定向光源、天空光照、点光源、聚光源和矩形光源。每种光源都有其独特的特点和用途，而不同类型的光源也具有许多相同的属性。

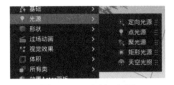

图 4-102　添加光源

如图 4-103 所示，定向光源和天空光照适用于大型外景，或者通过内景开口提供光照和投影。定向光源是主要的室外光源，通常被用于模拟从无限远处发出光亮的光源。在大型外景中，定向光源可以更有效地照亮浓密的植被，同时也可以照亮其他几何体。天空光照可以捕捉场景的背景，并将其应用于关卡的几何体。

图 4-103　外景场景中的定向光和天光

如图 4-104 和图 4-105 所示，点光源、聚光源和矩形光源适用于照亮较小的局部区域。它们可以帮助定义光源在给定场景中的形状和外观，以及提供局部照明和投影。这些光源的特性和属性也可以根据需要进行调整，以更好地满足场景的需求。

图 4-104　矩形光源

图 4-105　点光源

在关卡中选择光源时，可以在细节面板中找到光源属性。光源的移动性，包括静态、固定或可移动三种状态，光源的特性和属性也会有所不同，如图 4-106 所示。静态光源适用于在游戏过程中不会移动或更新的光源 Actor。这些光源将对使用全局光照（Lightmass）预计算的光照贴图产生帮助。它们将照亮场景并为所有设置为静态和固定的 Actor 生成光照数据，但可移动 Actor 将由存储在间接光缓存中的光照数据或体积光照贴图照亮。

固定光源适用于在游戏过程中可以移动但不移动的 Actor。这些光源可能会在游戏过程中发生某种变化，如改变颜色或强度，或者完全熄灭。固定光源将对使用 Lightmass 预计算的光照贴图产生帮助，但它们也可以为可移动对象投射动态阴影。固定光源会增加成本，且可以影响单个对象的光源数量始终有限。例如，不论何时都可以影响单个对象的固定光源最多只有 4 个。当同一场景固定灯光超过 4 盏时，多余的灯光将无法发挥作用，会如图 4-107 所示报错。

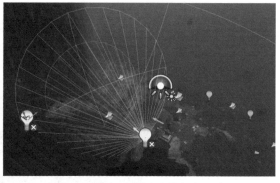

图 4-106　灯光的三种状态　　　　　　图 4-107　同一场景多余的灯光无效

可移动光源适用于在游戏过程中需要添加、移除或移动的 Actor。这些光源只投射动态阴影。除了能够在游戏过程中移动之外，这些光源还可以根据需要更改颜色、强度和其他光源属性。使用具有此种移动性的光源时必须小心，因为它们的投影成本最高。然而，不投影的可移动光源的计算成本非常低，甚至比设置为静态的光源的成本更低，因为不需要将光照数据保存到磁盘。

在配置灯光时，可以添加后处理材质和后处理体积优化视图效果，如图 4-108 所示。

图 4-108　添加后处理材质优化视图效果

在早期版本的 UE 中（5.0 版本之前），可以使用灯光烘焙的方式来优化全局光照的性能。灯光烘焙的主要对象是被静态光影影响的静态物体。与此相反，动态物体及任何在动态光照下的物体的光照信息都不会直接受到影响。此外，反射和高光等属性也不会受到灯光烘焙的影响，如图 4-109 所示。

图 4-109 构建场景光照

但需要注意的是，使用具有此种移动性的光源时必须小心，因为它们的投影成本最高。烘焙之后的场景通过光照贴图的形式显示光照信息。

光照贴图是指用于描述模型表面上阴影的纹理。使用光照贴图需要在 DCC 软件中准备第二套 UV，即光照 UV，又称 2U。为了保证光照质量，大多数项目都会选择在 DCC 软件中手动制作 UV，并在导入模型时勾选"关闭生成光照 UV"的复选框。需要注意的是，UE 默认会选择第二套 UV 作为光照贴图坐标索引，但有些情况下会自动选择到 IDUV 中，需要手动更改。

为了设置合理的光照贴图分辨率，需要考虑模型的大小及场景的具体要求。通常来说，光照贴图的分辨率越低，生成速度越快，迭代速度更快，能得到非常柔和的阴影。但如果模型体积较大，光照贴图分辨率过低，则会出现阴影边缘锯齿、模糊等情况。因此，需要为小型场景道具设置较低的光照贴图分辨率，如 64×64；而对于较大型的模型可以适当提高分辨率，如 512×512。需要注意的是，光照贴图需要的分辨率本身就不高，否则会造成极大的性能开销。如图 4-110 和图 4-111 所示为光照模式和光照贴图复杂度模式效果。

图 4-110 光照模式效果　　　　　　图 4-111 光照贴图复杂度模拟效果

在 UE5.0 及以上版本出现了更加方便的实时灯光渲染方案 Lumen。

Lumen 是 UE5 中一套全新的实时动态全局光照解决方案，相较于以往的静态光照烘焙，Lumen 可以提供更快速、更真实的全局光照效果。使用 Lumen，开发者无须手动制作光照贴图 UV，也无须等待光照贴图的烘焙，只须要简单地在编辑器中创建和编辑光源，即可实时看到最终光照效果。

Lumen 支持多种光源类型，包括方向、天空、点、斑和矩形光源。但需要注意的是，Lumen 不支持将移动性设置为静态的光源，因为静态光源完全存储在光照贴图中，其作用在启用 Lumen 之后被禁用。

Lumen 不仅可以实现直接光照效果，还可以实现间接光照效果。当场景中的直接光照或几何体发生变化时，间接光照也将即时产生相应的调整，使场景变化更加真实。同时，自发光材质通过 Lumen 的最终采集过程来传播光线，不会对性能造成任何影响。

需要注意的是，如果是从 UE4 升级到 UE5 的项目，Lumen 不会自动启用，需要手动开启，如图 4-112 所示。这是为了避免破坏或更改旧项目中的光照路线。

图 4-112　项目设置中的 lumen 选项

如图 4-113 所示，打光完成后，整体的场景效果已经达到较好程度。

图 4-113　完成场景灯光设置

如图 4-114 所示，可以添加摄像机和关卡序列，以输出场景作为镜头预设。

图 4-114　添加关卡序列用于渲染

如图 4-115 所示，可以对镜头进行相关的动画等操作。

图 4-115　在序列中添加相机动画等

最终效果，如图 4-116 ～图 4-119 所示。

图 4-116　渲染效果 1

图 4-117　渲染效果 2

图 4-118　渲染效果 3

图 4-119　渲染效果 4

第 5 章

LED 显示屏
显示系统

虚拟制作中的 LED 屏是指使用 LED 技术制造的屏幕。LED 屏幕在虚拟制作中扮演着关键的角色，主要用于显示虚拟环境、背景和景象，如图 5-1 所示。

图 5-1 虚拟制片流程中的 LED 屏

LED 屏幕具有许多优点，是虚拟制作的理想选择。首先，LED 屏幕可以提供高分辨率和高亮度的图像，使虚拟内容更加逼真。其色彩鲜艳、对比度高，能够呈现出生动且精细的图像细节，使观众沉浸于虚拟场景中。其次，LED 屏幕具有较高的刷新率和响应时间，能够实现实时渲染和显示虚拟内容。这对于演员和制作团队来说非常重要，因为他们可以在拍摄过程中立即看到虚拟背景和环境的效果，以便进行调整和互动。此外，LED 屏幕具有灵活性和可定制性。它们可以根据需要制造成各种尺寸和形状，适应不同的拍摄场景和要求。LED 屏幕还可以组合成大型墙壁或弧形屏幕，提供更广阔的视觉覆盖范围，增强沉浸感。LED 屏幕还具有能耗低和寿命长的特点，经济且可持续。LED 技术相对较为节能，能够降低能源消耗并减少对环境的影响。同时，LED 屏幕的寿命较长，能够持续使用较长的时间，减少更换和维护的频率。

在虚拟制作中，LED 屏幕的应用非常广泛。它们可以用于创造各种场景，包括自然环境、城市景观、未来科技等。LED 屏幕还可以与计算机生成图像（Computer-Generated Imagery，CGI）和实时渲染引擎相结合，实现高度逼真的虚拟环境和背景。总之，LED 屏幕在虚拟制作中十分重要，通过提供高质量的图像、实时渲染和灵活性，帮助创作团队创造出逼真的虚拟环境。

5.1 ◀ LED 屏幕方案

虚拟制片中，LED 屏幕构成的摄影棚通常称为 Volume，LED 屏幕的应用场景正在不断地细分，从最初的电影拍摄，逐步扩展到多个虚拟制作方向，包括电视节目、广告拍摄、音乐制作等。而这些应用场景对应显示屏的形式也有所不同，考虑到不同的需求和预算，目前，常见的扩展现实（Extended Reality，XR）虚拟制作 LED 屏幕解决方案有三面屏和弧形屏两种。三面屏常用于小型影棚中的综艺、演播室和直播等场景，而弧形屏常用于大型影棚拍摄的影视剧、演艺表演、广告制作等场景。此外在条件允许的情况下通常会在三面屏或弧形屏之上配套安装天幕屏。在运用需要高度自定义的电影拍摄场景下，LED 的弧度、尺寸、副屏、天幕等会有非常多样的定制化需求。接下来介绍一些常见的屏幕方案以供参考。

5.1.1 直面屏（三面屏）

三面屏是由三块巨大的 LED 屏幕组成的拍摄环境。三面屏一般包括两块相邻、与地面垂直的 LED 屏幕，第三块 LED 屏幕则根据实际需求或垂直于地面（见图 5-2），或平行于拍摄场地的上方（见图 5-3）或是下方（见图 5-4）。为了实现自然流畅的显示效果，三面屏通常使用拼接技术，通过精确的校准和管理，确保图像在不同屏幕之间的平滑过渡，有效消除视觉上的边缘接缝。这种技术的使用，进一步增强了拍摄时的真实性和沉浸感。

图 5-2　三块相邻、与地面垂直的 LED 屏幕

图 5-3 两块相邻、与地面垂直的 LED 屏幕 + 一块平行于拍摄场地上方的 LED 屏幕

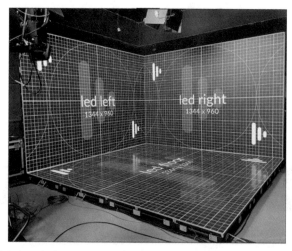

图 5-4 两块相邻、与地面垂直的 LED 屏幕 + 一块平行于拍摄场地下方的 LED 屏幕

在虚拟制片中，三面屏的应用带来了重大改变。三面屏在提高制作效率的同时，相较于弧形屏极大地节省拍摄成本，而且搭建较为便捷，所需场地较小，对于人员、硬件、环境的要求较低。这对于低成本的短片制作、广告片拍摄、演播室直播等场景极为适合。同时，三面屏提供的接近真实的背景环境为演员提供更为直观的环境反馈，极大地增强了演员的投入感和自然演技。但是，三面屏限制了摄影机机位的移动，拍摄场地也被束缚在了一个较为狭小逼仄的空间。对摄影机与人员调度的限制使得三面屏并不适合对于场景有较为复杂需求的制作。

三面屏的特殊布局迫使拍摄团队需要熟悉这种环境并合理安排拍摄计划，以充分利用三面屏带来的优势。使用三面屏拍摄需要特别注意拍摄的角度及相机的位置。在拍摄过程中，摄影机镜头可能会捕捉到 LED 屏幕的边框，因此在拍摄时需要慎重考虑摄影机的移动路径和拍摄角度，也对 LED 屏幕在衔接处的技术指标提出了考验，所以通常会在拍摄时仔细检查画面内露出的衔接处，避免出现穿帮镜头。

5.1.2 弧形屏（异形屏）

在虚拟制片技术中，弧形屏是一种大型、弧形的 LED 显示屏，如图 5-5 所示。它综合运用了虚拟制片 LED 技术中如画面的实时渲染、动态追踪等全方位的技术。弧形屏可根据需求设计成不同的弧度形状，常见的形状包括弧形、圆弧和球面等。弧形屏相较于三面屏能够呈现出更广阔、更具立体感的视野，以及更逼真的虚拟环境。

图 5-5 弧形屏

当虚拟制片中需要用到较大、较远的背景时，必然需要更多的 LED 模组拼接到一起。然而，摄影机镜头的畸变特性使平面屏幕呈现的画面内容经摄影机拍摄会产生边缘扭曲。弧型屏幕相比平面屏幕能更好地处理画面边缘的扭曲现象，使画面显示更加真实。在实际拍摄时，摄影机镜头的推拉会影响机位从 LED 屏幕的正面进行拍摄。而当摄影机从非正面角度拍摄 LED 屏幕时，完全平面的 LED 屏幕背景就会出现颜色偏移、亮度不足或不均匀、画面不完整等问题。相较于平面屏幕，弧形屏幕的搭建方案增加了摄影机可用的拍摄角度。弧型屏为拍摄场地提供了很大的空间。影视制作部门可以充分发挥想象，设计摄像机的角度、位置、运镜路线等，极大地丰富演员调度可能性，做到虚拟场景下同真实环境拍摄最大程度的还原。弧形屏的制作通常涉及设计合适的弯曲结构框架和使用柔性面板材料，以适应所需的曲面形状。面板安装需要小心操作，以确保完全贴合并避免出现可见的接缝。

弧形屏的劣势也十分明显。弧形屏比三面屏更大、更复杂，因此其搭建和维护成本较于三面屏相对较高，装卸较于三面屏更为不便。另外，弧面屏需要占用很大的场地完成拍摄任务，客观上限制了弧形屏的场馆数量。总的来说，弧形屏对于小成本制作而言具有一定的门槛。但是对于如院线电影等拥有一定预算规模的制作而言，弧面屏将是最为理想的选择。

5.1.3 天幕屏（顶屏）

天幕屏是近年来影视制作行业的重要创新。它通常安装在拍摄场地的顶部，如图 5-6

所示，使用大型 LED 屏幕以高清晰度的方式模拟天空效果，包括但不限于白天、黑夜、太阳、云朵、月亮及各种大气状况，为虚拟拍摄提供实时、逼真的光线环境与虚拟背景。

图 5-6　安装了天幕屏的 LED 虚拟摄影棚

实时渲染技术使天幕屏可以即时改变显示的天空或环境，还可以依据摄像机的移动和变焦实时调整显示的图像。这带来的最大好处之一便是提供更加立体的虚拟背景呈现。比如，需要在虚拟制片技术下拍摄一个下雨的场景，则可以预设天幕屏显示阴暗的天空和落雨，从而带来逼真的雨天效果。另外，实时渲染技术实现的动态跟踪使跟随场景内容变化的天幕屏也可以被摄影机拍摄到，这极大地拓展了摄影机的可拍摄范围，减少对导演和摄影师的束缚，提供了多样的摄影机机位移动可能性。

天幕屏可以为拍摄现场模拟出丰富且逼真的自然环境光，这将最大程度地避免现场照明出现逻辑问题从而保证拍摄内容真实性，同时极大地节约现场布光的时间成本与人力成本。但是为了模仿真实环境的光照效果，如直射阳光或晴朗的天空等环境往往需要极高的亮度。这意味着相较于别的屏幕，天幕屏的亮度要求通常会更高。由于持续高亮度会加速 LED 屏幕寿命衰减，因此在设计和使用天幕屏时，也会考虑到适合的使用模式和保养措施，以保证其使用寿命。已有的一些解决方案包括使用较高灵敏度的相机以减少屏幕亮度的需求，或是在不需要特别高亮度的情况下降低屏幕亮度，从而平衡视效与设备使用寿命。

5.2 ◀ LED 显示系统

目前 LED 显示系统有着很多物理层面决定的天然特性，这些特性与组建虚拟制片系统时息息相关，在大量的实践中，总结出以下一些需要关注与了解的技术要点。

5.2.1　像素间距（点间距）

LED 显示屏由密集的像素矩阵构成，每个像素包含一个单独的红、绿、蓝（Red Green Blue，RGB）LED 芯片。LED 屏幕中相邻两个像素之间的距离称为像素间距，也称点间距。像素间距一般按照某一像素中心到相邻像素中心的距离计算，如图 5-7 所示。像素间距通常以毫米（mm）作为计量单位，常用 P1.5 这样的书写方式去表述像素间距为 1.5 mm 的屏幕。由于像素间距反映了两个像素之间的空间大小，因此较小的像素间距意味着像素之间的空间更小，像素点更密集，可以提供更高的分辨率及更清晰的画面。即较小的像素间距意味着更高的像素密度和更高的屏幕分辨率。

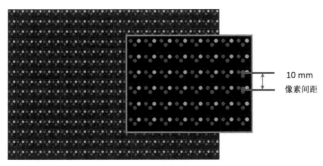

图 5-7　像素间距

像素间距对显示的清晰度有很大影响，同时也会影响显示屏的最佳观看距离。拥有更低像素间距值的屏幕，其呈现的图像可以实现更加平滑的边缘和更加精细的细节，观看者也可以更加靠近屏幕欣赏画面内容，并不会看到一个个独立的像素。即一块 LED 屏幕拥有较小的像素间距意味着拥有更小的观看距离，反之，观看距离更大。

尽管较高的像素密度可以提高视觉品质，但并不是在任何情况下更小的像素间距都是理想的选择。在同等视觉体验的情况下，额外的像素密度旨在为观看者提供更小的观看距离。当观看距离非常大时，高像素密度会失去其视觉优势，并且会增加成本。在一定的观看距离下，适合的像素间距可以提供最好的观看体验。

像素间距需要匹配实际需求。较小的像素间距提供更高的分辨率，因其需要更多的 LED 晶元来创建较高的像素密度，因而小像素间距屏幕的单位面积材料和生产成本更高，价格也更高。大像素间距屏幕通常用于对清晰度需求较低的地屏或天幕屏，或用作超大型舞台的背景屏。宽度约为 8 m 或以下的较小型舞台一般需要更小的像素间距。随着技术发展，LED 显示屏的像素间距越做越小。

目前虚拟制片技术多用的是点间距在 2.6 mm 及以下的屏幕，如果高于这个数值，拍摄的画面会出现颗粒感、清晰度下降及严重的摩尔纹的问题。点间距越小，LED 发光单元的密度会越大，产生的热量越多，能够提供的最大亮度尼特（nit）就越小。目前，P2.6 左右的屏能够轻易实现 2000 nit，而这在虚拟制片拍摄中已能实现期望的丰富光影关系，这时极小的点间距（一些厂家已经能做到 1 mm 以下的点间距）会成为很大的阻碍，同时也对拍摄环境的散热系统提出了很高的需求。

5.2.2　可视角度

可视角度是指用户可以从不同方向清晰地观察屏幕上所有内容的角度，如图 5-8 所示。对于同样的 LED 芯片，可视角度越大，LED 显示屏的亮度就越低。可视角度是一个参考值，LED 显示屏可视角度包括水平和垂直两个指标。以 LED 显示屏的垂直法线为准，在垂直于法线左方或右方一定角度的位置上仍然能够正常看见屏幕画面，这个角度范围就是 LED 显示屏水平可视角度；同样地，以 LED 显示屏水平法线为准，上下的可视角度被称为垂直可视角度。

可视角度是 LED 显示屏的特性。它的产生主要由于 LED 光线将随观察位置的移动而变化。这样的变化一方面来自于色彩表现。例如，在 LED 显示屏上显示平面白色图像时，通常会观察到在一定视角范围内颜色从洋红色到青色的偏移。另一方面的变化则来源于

LED 屏幕的明亮度。对于常规的虚拟制作 LED 显示屏，与从显示屏正前方观看相比，当视角偏离轴 60°时，明亮度等级将降低约 50%。拥有较小像素间距的 LED 屏幕将有效地降低颜色偏移及避免明亮度变化问题，这使 LED 屏幕可以与摄影机轴线形成较大的夹角进行画面拍摄，有助于减少虚拟制作过程中的拍摄限制并充分利用虚拟制片的场地与 LED 屏幕画面内容。

图 5-8　用户从不同方向观察屏幕上的内容

5.2.3　色域覆盖

色域覆盖指显示设备的色域能够与某个色域标准（standard Red Green Blue，sRGB）的重合率，也就是显示设备能够还原多少标准色域中的颜色。它反映了显示器能够从源头准确、精确、模拟地再现并传达颜色的能力。常用的色域标准有 sRGB、AdobeRGB、数字电影倡议 - 协议 3（Digital Cinema Initiative-Protocol3，DCI-P3）等，色域覆盖的百分比越高，显示器显示的色彩就越丰富，色彩还原度也越高。例如，一个显示器的 sRGB 色域覆盖为 99%，就表示它能够显示出 sRGB 色域中 99% 的颜色，色彩表现力强。而如果色域覆盖只有 70% sRGB，那么有 30% 的颜色无法显示或者无法准确显示。

需要注意的是，色域覆盖和色域容积是不一样的。现在很多显示器标明的色域大于 100% sRGB，如 130% sRGB，这是指色域容积而非色域覆盖。色域覆盖最大只能到 100% sRGB，130% sRGB 的色域容积不代表能够完全覆盖 sRGB 色域。

如图 5-9 所示，三角形 A 代表 sRGB 标准色域，三角形 B 代表显示器色域，两者面积一样大，则该显示器色域容积就是 100% sRGB。但是显示器色域与 sRGB 色域不完全重合，覆盖的重合率不足 100% 意味着显示器的色域覆盖不足 100%。

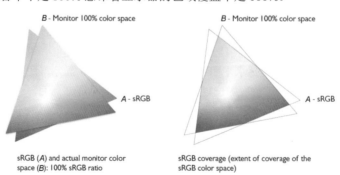

图 5-9　sRGB 标准色域与显示器色域

对于 LED 虚拟制片来说，由于 LED 的发光特性，作为照明时外视锥的 LED，通常希望其发出的光谱是尽可能全的，而对于视锥内被摄影机拍摄的部分，通常希望其发出的光谱是尽可能窄的，这样才能拥有相对更准确的色准和更广的色域覆盖。这二者通常不可兼得，所以常常需要引入其他类型的可编程灯光系统来辅助照明，以确保照射在主角身上的光拥有更宽的光谱，而背景的墙拥有更准确的摄影机内颜色。

5.2.4　灰度等级

灰度等级是 LED 显示屏技术参数中的一个重要因素，是衡量 LED 显示屏视觉效果好坏的重要标准，影响着 LED 显示屏系统的颜色深浅变化与显示效果。灰度等级指 LED 显示屏能够表现出画面的明暗程度，通常用位数来度量，表示电脑控制系统对 LED 显示体亮度控制的精确度。每增加 1 位，其灰度等级就增加一倍。比如，灰度为 8 位时，灰度等级为 2^8，即 256 级。同理，10 位的灰度等级为 1 024 级，12 位的灰度等级为 4 096 级。

灰度等级越高，LED 显示的颜色越丰富，变化越细腻，显示信息越真实准确。低灰度等级在呈现颜色层次、细节等方面会较大地偏离现实且色块过度明显。但是，灰度等级也不是越高越好。当灰度等级提高到一定程度后人眼将无法感知其差别，很多相邻等级的灰度对于人眼而言看上去都是一样的，但高灰度等级却极大地提升了 LED 屏幕的生产成本。在选择 LED 显示屏时，要根据实际需求和应用场景，选择适合的产品规格。

虚拟制片在实际应用中，会更希望 LED 屏幕发出的光是更接近真实物体反射的光纤，所以根据亮度、观看距离和照明条件等因素，一般会选用 14 ～ 22 位灰度显示能力的屏幕，也就是 16 384 ～ 4 194 304 级。这样的灰度等级可以帮助虚拟制片更好地捕捉和呈现图像的细节，使虚拟环境看起来更加真实。

5.2.5　刷新率

LED 显示屏的刷新率又称视觉刷新频率或刷新频率，是指 LED 屏幕一秒内能够更新其显示内容的次数，单位是赫兹（Hertz，Hz）。刷新率是表征 LED 显示屏画面稳定不闪烁的重要指标。LED 显示屏刷新率越高，显示的画面就越连续流畅，视觉闪烁感就越小，画面显示越稳定。

一般全彩 LED 显示屏的刷新率有三种，分别是 960 Hz、1 920 Hz、3 840 Hz。960 Hz 常被称为低刷，1 920 Hz 称为普刷，3 840 Hz 称为高刷。市面上中高端 LED 显示屏刷新率可以高达 3 840 Hz，也就是 1s 内显示画面刷新了 3 840 次。在 LED 显示屏的 3 个核心部件——LED 电源、LED 驱动芯片、LED 灯珠中，LED 驱动芯片对屏幕刷新率的影响比较大。当使用普通驱动芯片时，刷新率只能达到 960 Hz，而使用双锁存驱动芯片可以大幅提升 LED 显示屏的刷新率，使用高清高阶脉冲宽度调制（Pulse Width Modulation，PWM）驱动芯片则能让 LED 显示屏的刷新率达到 3 840 Hz。这是因为驱动芯片决定了 LED 显示屏的性能、功耗、显示效果等。

对于虚拟制片而言，为了消除屏幕闪烁，LED 显示屏需要具有高刷新率。当时刷新率不足时，虚拟拍摄通常会因与摄影机自身帧率不匹配而出现频闪问题，严重影响拍摄效果。一般来说，3 840 Hz 的刷新率已经能满足大部分的需求。然而，如果是用于院线电影的制作，对屏幕刷新率的要求可能到达 7 680 Hz 及以上。这是因为高刷新率可以提供更流畅、更稳定的画面，从而提高拍摄效果和观看体验。

5.2.6　扫描数

扫描数是 LED 屏幕驱动电流在单位时间里依次扫描点亮的行数和屏幕模组总行数之间的比值。

例如，"1/4 扫描"表示每次只有屏幕中 1/4 的行被驱动显示，其他行则不显示，下一时间段再切换到下一个 1/4 进行显示。由于扫描的速度非常快，人眼无法感知到这种切换，给人的感觉就是整个屏幕都在连续显示。扫描数一般用 1/2、1/4、1/8、1/16 等来表示。如果驱动电路每次点亮 LED 屏幕模组所有的行，则称之为静态驱动或者静态扫描。室内单双色 LED 屏幕一般为 1/16 扫描，室内全彩 LED 屏幕一般是 1/8 扫描，室外单双色 LED 屏幕一般是 1/4 扫描，室外全彩 LED 屏幕一般是静态扫描。扫描数越高理论上 LED 屏幕显示效果越好，但是需要的电源和硬件设备成本就越高。LED 屏幕这种驱动特性可以降低 LED 屏幕的硬件和电源要求，但过低的扫描数可能导致 LED 屏幕亮度不够及显示画面质量降低等问题。

与刷新率对比，LED 的扫描数是指 LED 显示屏一次只能点亮整个屏幕的一部分，需要通过快速扫描覆盖整个屏幕以实现全屏显示。扫描数的大小直接影响了 LED 显示屏的亮度和显示质量；而刷新率是指显示设备在一秒中重新绘制画面的次数，刷新率越高，画面越稳定、清晰，对眼睛的刺激越小，屏幕越不易闪烁。

总而言之，LED 屏幕扫描数关注的是显示设备如何来显示整个画面，是一种硬件工作方式，主要影响 LED 屏幕的亮度和能耗；而刷新率关注的是显示设备 1s 内可以刷新多少次画面，是显示效果的一个重要参数，主要影响屏幕的稳定性和画面的流畅度。两者之间有一定的联系，但是并不完全等同。

5.2.7　发光阵列

由于在虚拟制片的过程中既需要亮度和合适的点距，又需要合适的光谱范围及色彩的准确性，普通的 LED 墙会使用 RGB 三种颜色的发光单元交替排列，如图 5-10（b）所示。为了更好的峰值亮度，现代用于虚拟制片的 LED 墙会选用 RGBW（Red Green Blue White）的发光半导体作为像素阵列的一部分，如图 5-10（a）所示，这样能够在提高显示亮度的同时又拥有准确的色彩还原和良好的可视角度。

（a）RGBW 排列　　　　　　　　　　（b）RGB 排列

图 5-10　RGBW 排列的 LED 与 RGB 排列的 LED

5.3 ◀ 视频信号管理器

在虚拟制作中，视频图像的生成和呈现是经过一系列精密的步骤完成的。这一过程通常始于计算机生成图像并进行渲染。利用专业的 3D 建模软件和计算机图形学技术，如 Epic Games 的 UE，虚拟场景、角色和物体被精细地建模，并渲染成图像像素。这些生成的视频图像经过分割和传输，随后通过专业的驱动控制器或处理单元，被分配到 LED 控制器和模块上。这其中涉及像素映射和校准的过程，以确保视频图像能准确、无缝地显示在 LED 屏幕的每个像素上。

LED 屏幕作为虚拟制作的核心呈现设备，图像传输过程至关重要。这个过程涉及多个步骤，其中包括图像生成、处理、传输和最终呈现。这部分主要由 LED 厂商所提供的高性能驱动控制器组件来确保屏幕的正常运行，如图 5-11 所示。

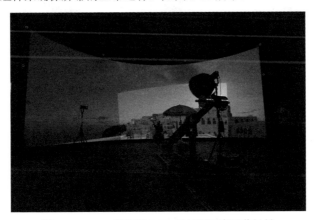

图 5-11　Sony 黑彩晶 LED 屏呈现逼真日落场景

首先，在虚拟制作中，视频图像通常由计算机生成并进行渲染。通过专业的 3D 建模软件和计算机图形学技术，虚拟场景、角色和物体被建模，并渲染成像素化的图像。在这个过程中由于屏幕的分辨率巨大，通常会将画面分配至不同的渲染主机进行渲染，而每个主机分配的画面在最终同步输出给 LED 控制系统时，需要同步系统的协助以完成画面的同步。此时专业级的显卡提供的分布式渲染同步变得很重要。

接着，这些生成的视频图像需要经过分割和传输，通过专业的视频控制器或处理单元，被分配到 LED 控制器和模块上。在这个阶段，视频信号会经过转换和编码，以适应 LED 屏幕的输入要求。

LED 屏幕的像素密度、亮度范围、色彩表现力和对比度等特性直接影响图像的显示效果。LED 屏幕由多个 LED 模块构成，每个模块包含了许多 LED 灯珠，这些灯珠以特定的密度排列，形成屏幕上的像素。

图像信号通过视频处理设备传输至 LED 屏幕，这些设备负责调节信号的传输和处理，确保图像的准确性和稳定性。在 LED 屏幕上，像素映射和校准是至关重要的步骤，以保证视频图像准确无误地显示在 LED 屏幕的每个像素上。

在整个传输过程中，视频信号的质量和稳定性至关重要，影响着最终观众所看到的图像效果。因此，对于视频信号的处理和传输设备的选择、配置和调整都是确保图像呈现质量的重要环节。

总而言之，在虚拟制作中，从计算机生成到 LED 屏幕的最终呈现，视频图像经历了多个步骤的加工和处理。LED 屏幕的特性、视频处理设备、像素映射和校准等多种因素相互影响，共同塑造出逼真、精确的图像呈现效果。这个复杂的过程需要严格的控制和精准的校准，以确保最终的视觉效果的一致性和高质量，如图 5-12 所示。

图 5-12　美剧《曼达洛人》XR 虚拟影棚拍摄花絮

5.4 ◀ LED 虚拟拍摄过程中面临的挑战

5.4.1　摩尔纹

摩尔纹是由相互叠加的类似图案之间的相互作用引起的一种不良干扰图案，如图 5-13 所示。使用数字摄影机对 LED 屏幕播放画面进行拍摄时，如果感光元件像素的空间频率与影像中条纹的空间频率接近，成像画面会存在一些不规则的水波纹状图案，即摩尔纹。换句话说，摩尔纹是当两个呈栅格状的像素点阵重合时，栅格的明暗部分相互交错重叠产生的纹状现象。

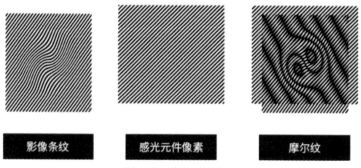

图 5-13　摩尔纹的产生

为了规避摩尔纹，需要从画面拍摄和画面显示两方面来考虑，涉及像素间距、摄影机与屏幕的距离、焦距和内容分辨率等多种因素。在虚拟拍摄中，虽然摄影师可以通过调整摄影机角度、位置，改变焦点、镜头焦长等方式来规避摩尔纹，但是这些方式对拍摄造成了多重局限，缺少实际操作性。摩尔纹会严重影响成像质量，出现摩尔纹的画面同样很难通过后期制作消除。

5.4.2 扫描线伪影

虚拟制片中的扫描线伪影指的是通过摄影机拍摄到 LED 屏幕出现了闪烁的横条纹、斜条纹，且循环往复。

出现扫描线伪影的最主要原因有 3 个。一是摄影机录制帧率与 LED 屏幕画面刷新率不匹配；二是 LED 显示屏的刷新频率较低，需要消除扫描线伪影；三是摄影机不是全域快门导致的扫描不匹配。一种有效的解决方法就是调整摄影机的帧率，使其与 LED 屏幕的刷新率相匹配。当前许多支持虚拟制作工作流的 LED 控制器的摄影机集成系统都具备将刷新率与外部信号发生器同步的能力。同时，LED 控制器还允许对传至摄影机快门的显示屏刷新率进行微调。想要消除扫描线伪影，使用高刷新率的 LED 显示屏也十分重要。低刷新率的屏幕更可能产生扫描线伪影。一般来说，刷新率为 3 840 Hz 的 LED 屏幕能够满足大多数应用场景，而院线电影可能需要使用高达 7 680 Hz，甚至更高刷新率的 LED 屏幕，如图 5-14 所示。

（a）低刷新率　　　　　　　　　　　　（b）高刷新率

图 5-14　不同刷新率下的屏幕效果

实际上，除了摄影机录制帧率与 LED 屏幕画面刷新率不匹配和 LED 显示屏刷新频率较低这两个主要问题之外，在实际测试中发现摄影机的位置、角度、运动、运动速度、快门速度和角度及渲染平台设置等条件都会影响扫描线伪影的出现。此外，适当调整 LED 显示屏的亮度和对比度避免出现过亮或过暗的情况；定期清洁 LED 显示屏表面保持其清洁和整洁，避免灰尘和污垢影响显示效果；选择质量好的视频线缆确保信号传输的稳定和画面清晰，避免信号干扰；多次确认、检查显示屏设置、电源供应稳定；以及排除显示屏本身质量问题都可作为处理扫描线伪影的办法。在实际拍摄中，需要仔细评估引起扫描线伪影出现的原因，细心调整，多次尝试，防止扫描线伪影的出现。

5.4.3 色彩管理

虚拟制片技术下的 LED 屏幕为拼接屏，对所有屏幕做好色彩管理对于虚拟制片中 LED 屏幕显示效果至关重要。色彩管理做不好，就会出现 LED 屏幕间色彩不一致的情况，如图 5-15 所示。

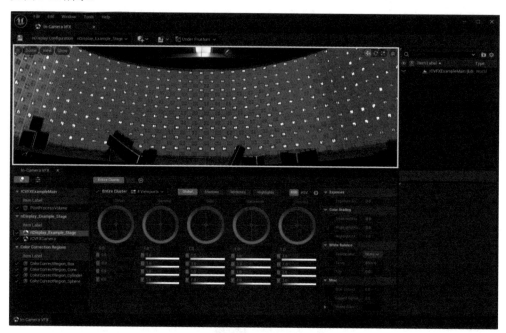

图 5-15　LED 拼接屏色彩管理界面

色彩管理的核心是调整红、绿、蓝三原色的组合。拼接屏通常采用 RGB 三基色模式进行色彩管理，通过调整三种颜色的亮度进而呈现更准确、更丰富的色彩表现。此外，对色温进行调整也是色彩管理的一部分。通过调整色温，可以改变 LED 显示屏的视觉效果，使其更符合不同场合的需求。需要注意的是，LED 屏幕色温需要根据环境光照的不同进行调整。

对于虚拟制片中 LED 拼接屏的色彩管理，一般分为如下 3 个步骤。首先需要对 LED 屏幕进行校正。这一步骤包括了对红、绿、蓝三种颜色的亮度进行调整，确保它们的比例合适，画面色彩呈现真实。其次是色彩匹配。色彩匹配是为了保持多块拼接屏之间的一致性，通过调整每个屏幕显示的颜色，使它们在整个拼接屏中的视觉效果一致。在进行了上述基本操作后，还需要对 LED 屏幕进行精细调整，以进一步改善显示效果。在精细调整过程中，需要根据具体的项目需求、场景情况等，调整拼接屏的亮度、对比度、饱和度等参数，以实现更加精确的色彩表现。

5.4.4　色彩还原精准度

色彩还原又称颜色再现或颜色再现度，是指显示设备准确地再现原始图像的颜色的程度。对于显示设备，如 LED 屏幕、液晶显示器等，色彩还原的目标是让屏幕所显示的色彩尽可能地接近现实世界或创作者的原始视觉意图。

LED 屏幕实现色彩还原的主要方式是通过 RGB 三基色模式，即通过对红、绿、蓝这三种颜色的亮度和比例进行精确控制，如图 5-16 所示。在此基础上，LED 屏幕可以通过组合 RGB 三种颜色在不同比例下的可能性，来模拟出几乎所有的显色范围。LED 显示屏能够发射红、绿、蓝光的 LED 像素，光的波长适合还原全部色彩，同时确保整个图像的高度一致性。LED 发光管具有高纯度的特性。纯度越高的 LED，其所能还原的色彩就越丰富。LED 显示屏的色度处理技术也在不断发展和改进，以提高色彩还原。例如，可以通过对红绿蓝三基色 LED 进行色坐标空间变换，使 LED 与 PAL 制电视两者之间的三基色色坐标尽可能靠近，从而极大地提高 LED 显示屏的色彩还原。然而，这种方法极大地缩小了 LED 显示屏的色域范围，使饱和度大幅降低。

图 5-16　LED 面板特写

影响 LED 屏幕色彩还原的因素有很多。比如，LED 的发光材料和生产工艺会影响其 RGB 三基色的亮度进而对色彩还原造成影响。又如，源信号（如摄影机拍摄得到的）的色域也会影响 LED 屏幕的色彩还原。如果源信号色域超越了屏幕可展示的色域，那么屏幕就无法精准地再现源信号的所有颜色。除此以外，环境光的强弱和色彩对 LED 屏幕的色彩还原也会有影响，尤其是在明亮的环境下更是如此。

其他用途的 LED 显示屏的设计，如音乐会巡回演出、会议室和标牌，通常不会达到虚拟制作环境所需的准确度。但是对于虚拟制片技术，要完整呈现创作者的意图则极其依赖于 LED 显示屏可靠的色彩还原。无论是相邻像素之间的差异还是不同箱体之间的差异，缺乏色彩精度可能会在摄影机上非常明显。在某些情况下，环境温度也会导致色彩偏移，导致安装在影棚地板附近的像素与天花板附近的像素不同。使用专业的测试仪器来测量不同 LED 像素的色彩差异，分析出其具体的偏差情况。根据测试结果，调整、校准屏幕以确保色彩还原符合虚拟制片的要求。但是值得注意的是，虽然可以用既定的标准测量并判断显示屏的色彩还原，但是其他因素如摄影机的色彩表现、现场灯光甚至是主观评价因素都会对虚拟制片中色彩还原造成影响。对此，需要在现场综合多方面因素根据实际情况具体判断。

5.5　工作流程指南

大多数商业化 LED 显示屏使用几乎相同或非常相似的第三方组件和设计配置，其中包括利用排列在表面贴装元件（Surface Mounted Devices，SMD）外壳中的 mini-LED 大小的芯片、2.5 ~ 4 mm 的像素间距、现成的驱动电路和图像处理芯片及带有环氧树脂封装的印刷电路板（Printed Circuit Board，PCB），从而减少表面反射。

但是使用小点间距 LED 屏幕与高分辨率高宽容度摄影机的组合为内容创作提供了新的创意可能性。更小的点间距（1.26 mm）和更小的 LED 芯片，使显示屏的每个像素面积中绝大部分为黑色。好处是减少了可见的摩尔纹，消除了可见的侧视角颜色和亮度偏移。

对于摄影师来说，这种紧密配合将为动态范围和颜色管理提供更具创造性的空间。对美术指导和置景师来说，有机会用到更多有纹理细节的道具。灯光设计师可以利用清晰的宽色域发光显示屏给棚里增加实用照明。制片人将会感受到景别间更快速的变换。任何制作过程都是不同的，所以不可能归纳出适合虚拟制作的"最佳"工作流程，但建议在制订制作工作流程时考虑以下因素，如图 5-17 所示。

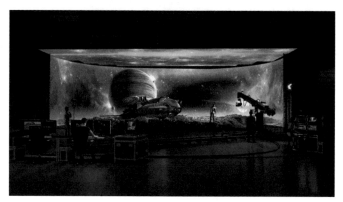

图 5-17　虚拟制作工作场景

5.5.1　规划与初步框架

在虚拟制作中，LED 屏幕的选择和布置直接影响着拍摄效果的质量和表现。为了最大化利用 LED 屏幕的优势并避免潜在的问题，虚拟拍摄工作流程需要综合考虑以下多个因素。

1. LED 屏幕的选择

应根据所需的摄影机位置（拍摄距离）和镜头焦距选择 LED 屏幕的面积和点间距，如图 5-18 所示。靠近屏幕拍摄时需要更小的点间距，以避免在成像过程中出现像素失真或伪影。这种情况下，选用点间距更小的 LED 屏幕能够确保拍摄的清晰度和真实性，从而提供更高质量的成像效果。除了点间距，LED 屏幕的面积也是根据摄影机的位置和场地空间进行选择的重要因素。在摄影机的视角范围内，LED 屏幕的面积应能够完整地展示所需的虚拟场景或元素，以确保摄影师和演员能够在合适的背景下进行表演和拍摄。

图 5-18　虚拟制作工作场景

2. 了解 LED 屏幕特性

LED 屏幕的特性涵盖多个方面，其中包括像素密度、亮度范围、色彩表现力和对比度等，如图 5-19 所示。

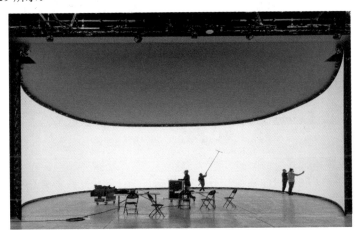

图 5-19　LED 屏幕搭建

像素密度是 LED 屏幕的关键参数之一，它决定了屏幕上能显示的细节和清晰度。摄影师和制作团队需根据摄影机的分辨率和拍摄要求选择合适的像素密度，以确保在拍摄和呈现过程中不会出现图像模糊或失真。

亮度范围是指 LED 屏幕能够达到的最大和最小亮度水平之间的范围。了解和控制 LED 屏幕的亮度对于在不同光照条件下拍摄非常重要，尤其是在明亮的环境中，需要确保屏幕的亮度能够抵消环境光造成的影响。

色彩表现力是 LED 屏幕能够呈现的色彩范围和准确度。摄影师需要了解屏幕的色域范围，以确保摄影所需的颜色和色彩过渡在屏幕上得到准确还原，从而呈现出理想的视觉效果。

对比度是指 LED 屏幕上黑色和白色之间的亮度差异。对比度的良好表现能够提升图像的深度和真实感，帮助产生更加生动和逼真的虚拟场景。

3. 对齐和校准

如图 5-20 所示，正确的对齐确保了屏幕在安装和使用过程中的准确性和稳定性，避免了可见的接缝或不连贯的显示效果。在进行对齐和校准时，注意以下几个方面尤为重要。

首先，物理对齐。安装时要确保 LED 屏幕安装牢固，每个屏幕模块的排列和连接正确，没有明显的缝隙或不匹配。精准的安装可以避免在图像边缘或交接处出现不连续或不一致的显示效果。

其次，颜色、亮度和灰度的准确性和一致性。LED 屏幕的每个像素点都需要校准，确保其显示的颜色、亮度和灰度水平与整个屏幕一致。这需要通过专业的校准工具和方法来实现，以保持整个屏幕显示的一致性和稳定性。

最后，像素点的对齐。确保 LED 屏幕上的每个像素点都对齐到正确的位置，避免出现歪斜、偏移或错位。这有助于保持图像的清晰度和准确性，避免在拍摄和显示过程中出现像素点错位或失真的情况。

图 5-20　LED 屏幕搭建

4. 摄影机位置和调度

如图 5-21 所示，摄影机在找相对于 LED 显示屏的位置时，应考虑 LED 显示屏固有的侧视角偏色。从不同角度观看时，屏幕不会出现亮度或颜色偏移，这将使机位、滑车和摇臂的调度更加灵活，同时也能使更多棚里的区域得以利用。

图 5-21　虚拟制作工作场景

另外，调度也应考虑摄影机的位置，避免出现摩尔纹伪影。可能需要将场景中的物体尽可能远离 LED 显示屏放置，以便 LED 像素充分散焦，避免出现摩尔干扰条纹。如果做不到这一点，则应该选择更小点间距的 LED 显示屏，避免背景对焦时出现摩尔纹。采用搭载不同光学低通滤波器 (Optical Low-Pass Filter，OLPF) 光学元件的摄影机也可以减少摩尔纹。

5. 照明设计

正确的照明设计需要考虑以下几个因素。

首先，避免直接反射。在设计棚内照明时，应避免灯具直接照射在 LED 显示屏表面，这样可以减少镜面反射。直射光可能会导致显示屏表面的反光，进而影响摄影机拍摄画面的清晰度和图像质量。因此，在照明布置过程中，需要考虑光源的位置和角度，避免直接光线对显示屏的影响，如图 5-22 所示。

其次，选择环境光反射低的 LED 显示屏。某些显示屏可以降低环境光的反射，即使在光线较亮的情况下也能保持良好的显示效果。这对于摄影过程中的色彩还原和图像清晰度都至关重要，能够有效地减少外部环境光对 LED 显示屏的影响。

图 5-22　虚拟制作工作场景

最后，保持平衡。在设计照明布置时，需要保持良好的光线平衡，避免出现光线不均匀的情况。通过均匀的照明布置，能够减少摄影机拍摄过程中出现的阴影或光线不足的问题，确保 LED 显示屏上的图像清晰、亮度均匀。

6. 成像流程建立

这一流程包括多个关键步骤，用以确保视频图像能够准确、稳定地传输到 LED 显示屏上，如图 5-23 所示。

图 5-23　虚拟制作工作场景

首先，渲染引擎至关重要。虚拟制作需通过强大的渲染引擎来处理视频图像。该引擎应具备高比特深度，以保留图像的细节和色彩层次。高比特深度能够有效减少图像出现带状伪影或黑电平压缩伪影的可能性，保持图像的质量和真实感。

其次，信号传输和连接也需要特别注意。在从渲染引擎到 LED 显示屏的信号传输过程中，信号衰减是一个常见的问题。尤其是在进行信号格式转换或从铜线到光纤的连接转换时，都可能发生意外的信号衰减或信号量化。因此，应选择稳定的传输线路，避免频繁的信号转换，以保证信号传输的稳定性和准确性。

最后，对于时间性伪影的避免也是至关重要的一点。这种伪影通常由 LED 刷新率与相机快门之间的时间误差导致。为避免出现这种情况，可以采用适当的同步图像处理来规避时间性伪影，或者选择具有一定宽容度的 LED 显示屏来避免扫描问题。某些 LED 控制器（如 Sony ZRCT-300）具有微调 LED 刷新率的功能，可以有效减少相机快门和 LED 刷新交互产生的扫描线伪影。

7. 测试和校准

在实际拍摄之前，进行全面的测试和校准可以确保图像的准确性和一致性，通过调整 LED 屏幕的参数可以获得最佳的视觉效果，如图 5-24 所示。

图 5-24 虚拟制作工作场景

首先，测试 LED 屏幕的准确性和一致性。这个步骤包括检查 LED 屏幕的像素，确保每个像素都能正常工作并显示正确的颜色和亮度。通过投射标准测试图案或视频，观察并检查 LED 屏幕的每个区域，确认图像的一致性和均匀性。这可以通过目视检查或使用专业的校准工具和软件来实现。

其次，调整 LED 屏幕的参数。根据测试的结果，可能需要对 LED 屏幕进行参数调整，以确保图像的质量。调整可能涉及色彩校正、亮度和对比度调整，以及校准不同区域之间的一致性。在这个阶段，可能需要对 LED 显示系统进行重新设置和校准，以使其符合拍摄需求和预期效果。

在校准过程中，需要使用专业的校准工具和软件来确保对 LED 屏幕的准确控制和调整。这样可以最大程度地优化 LED 屏幕的性能，确保图像的准确传递和一致性呈现。这也有助于避免在实际拍摄过程中出现意外的技术问题，确保拍摄过程顺利进行。

5.5.2 实拍与提升技巧

在实际拍摄场景中，还可以在以下 6 大方面提升 XR 虚拟制作的效果。

1. 减轻反射

常规的摄影棚环境包括来自摄影棚灯具和现场灯光的大量环境光。要尽量避免摄影棚内产生的光线通过 LED 显示屏的镜面反射进入摄影机，从而使拍摄画面产生炫光或是曝光过度的情况。所以 LED 显示屏的表面要进行漫反射处理，尽可能地减少光线通过 LED 显示屏的镜面反射影响拍摄画面的最终呈现。

2. 减轻摩尔纹

像素间距、相机传感器元件的密度、拍摄距离、镜头焦距和景深之间的关系决定了摩尔纹在拍摄中是否可见。XR 拍摄中，往往采用经过特殊处理的 LED 显示屏面罩，巧妙地减轻显示屏在成片中产生摩尔纹的影响，最终呈现出逼真的虚拟影棚沉浸式效果，如图 5-25 所示。

图 5-25　LED 屏幕搭建

3. 低延迟模式 + Genlock 功能

低时延模式在虚拟拍摄时可以保证信号同步。Genlock 功能可用于锁定处理器至相机快门，避免在显示刷新时，帧间的黑屏时间被镜头捕捉。使用 Genlock 功能也可使多台处理器设备同步，避免图像撕裂错位。现在的 LED 屏幕可达到低至 1 帧的延迟，同时使用 Genlock 功能，显示效果更加流畅紧凑。

4. 采用 HDR

高动态范围成像（High Dynamic range Imaging，HDR）动态显示，可以使虚拟拍摄最终呈现的图像更细腻逼真，色彩及亮度更还原。现在的 LED 屏幕支持 10 bit/12 bit 色深的图像输入及 16 bit 的图像输出，能够更好地反映出真实环境中的视觉效果，如图 5-26 所示。

图 5-26　虚拟制作工作场景

5. 采用 16 bit LED 显示屏

显示屏位深太低，会导致显色不均，在低亮情况下还会出现大面积的细节丢失。XR 拍摄中采用高达 16 bit 的 LED 显示屏，能更好地呈现图像层次、细节，提升低亮高灰的效果。

6. 使用超高刷新率

显示屏刷新过低，摄像机拍摄的画面会出现扫描线，无法显示正常画面。现在的 LED 屏幕已经可以支持高达 7 680 Hz 的超高刷新率，使屏幕在摄像机中的表现更加出色，精准呈现真实画面。

6.1 ◀ 摄影机坐标定位方案

6.1.1 主动式红外光学跟踪定位方案

　　主动式光学解决方案中比较具有代表性的是 Mo-Sys StarTracker（见图 6-1，用于解决虚拟制作摄像机跟踪问题。该系统很像星图；它们是由小的、相同的复古反光贴纸组成。这些贴纸随机贴在工作室天花板或照明格栅上，不需要额外的结构。"星星"的高度各不相同，不必遵循任何模式，肉眼几乎看不见。安装在演播室摄像机上的一个小型 LED 传感器将光线照射在星星上。这定义了星图，它允许 StarTracker 向渲染引擎实时报告摄像机的位置和方向。

图 6-1　置于摄影机上方的 Mo-Sys StarTracker

StarTracker 提供无限的移动自由度，并实时提供准确的位置、旋转和镜头数据，这使其成为斯坦尼康和手持设备的理想选择。可以将摄影棚相机旋转 360°，并将其移动到摄影棚中的任何位置，甚至移动到边缘，只要跟踪相机可以看到足够多的"星星"。（见图 6-2）尽管其他系统的跟踪量经常受到限制，但 StarTracker 可以在 3 ～ 20 m 高的工作室中进行跟踪。由于相机跟踪传感器指向上方，而不是观察场景，因此跟踪不受工作室条件的影响，如移动对象、设置更改、照明配置、反射和纯绿色屏幕环境。

图 6-2　Mo-Sys 侦测 StarTracker 状态

同时，由于"星星"（见图 6-3）可以随机应用于照明网格上方，因此它们不会限制工作室的灯光布置。尽管使用了光学跟踪，StarTracker 的独特之处在于它不受工作室照明的影响，可以完全自由地根据需要安装和调整灯光。

图 6-3　布置在影棚顶部的 StrarTracker（小白点）

初始设置和校准既快速又简单。一旦将"星星"应用到天花板上，安装的主要部分就完成了（见图 6-4）。从那里开始，必须执行一个简短的映射和校准过程。工作室里的多台摄像机可以追踪到星图。一旦校准，系统将完全自动，并在通电后开始跟踪。而且日常操作不需要额外的技术人员来协助。

图 6-4　布置安装 StarTracker

StarTracker 不像机械编码的基座那样会发生漂移，它可以进行航位推算，并随着行驶距离积累误差，这将它们排除在几乎所有的 AR 应用程序之外。因为 StarTracker 只以其星图为参考，所以它的位置是绝对的，不会漂移，如图 6-5 所示。

图 6-5　与 ARRI 摄影机组合进行虚拟制片的 Mo-Sys StarTracker

6.1.2　被动式红外激光跟踪定位方案

OptiTrack 是一种高精度的运动捕捉系统，用于捕捉物体和人体的运动。它可以在许多领域中使用，如电影制作、游戏设计、虚拟现实、运动科学、机器人和无人机。OptiTrack 使用高速摄像机和反光球来跟踪物体的位置和方向，从而生成高精度的运动数据。OptiTrack 提供了多种解决方案，包括虚拟现实、运动分析、数字人物、工业和游戏。

OptiTrack 具有高精度、低延迟、系统稳定易用的特点。它能够精确跟踪高速运动，位置追踪精度达到 0.1 mm 及以上，角度追踪精度达到 0.2° 及以上，系统延迟低至 25 ms 或以下。OptiTrack 还支持多目标协同跟踪，如在同一场景下完成表演动作跟踪和摄影机跟踪。此外，OptiTrack 动作捕捉所需的摄像头一般为 4 台或以上，其配套设备重量很轻易于穿戴和替换，可以通过如标记点、交互手柄标记点、主视角眼镜标记点进行跟踪，并通过交换机传输这些数据，一个典型的 OptiTrack 部署案例如图 6-6 所示。

图 6-6　一个典型的 Optitrack 部署案例

使用虚拟摄影机在三维空间拍摄如图 6-7 所示。

图 6-7　使用虚拟摄影机在三维空间拍摄

6.1.3　其他跟踪方案

NCAM 视觉定位方案由于 LED 屏画面一直在发生改变，通常无法得到较好的跟踪数据。但其系统只需要在主摄影机旁安装特制的 NCAM 摄影机即可实现跟踪。这使它作为一种灵活性很高的方案，通常被用在实时预演或大型室外绿幕等拍摄条件下进行非 LED 屏虚拟制片。

惯性跟踪系统由于虚拟制片对摄影机精度的需求，很少被作为主要的跟踪数据来源。但在一些特殊情况下，会将惯性跟踪系统的数据作为辅助数据，协助系统在丢失光学跟踪信息的情况下维持跟踪的鲁棒性。

使用电控设备还可以通过专门开发的程序将电控设备的数据转换为摄影机的空间位置信息，从而实现较为苛刻条件下的虚拟制片工作。

此外还有基于机器视觉的目标跟踪，以及未来 AI 视觉分析结合机器视觉的系统。此类系统现在仍在技术验证探索阶段。当前有一些实时运用的案例，但因为精度和遮挡目标的跟踪能力有限，多出现在个人和低成本工作室项目中。部分精度较高的运用案例，常见于对面部跟踪信息转化到离线动画信息的优化，以及创建和跟踪面部动态网格中。

6.2 ◀ 使用专业摄影机系统结合 Live Link 与 metadata 互通的解决方案

ARRI 公司的 UMC-4 数据控制系统为传输镜头 FTZ 数据提供了完整的编程、录制与传输镜头数据的能力，如图 6-8 ～图 6-11 所示。

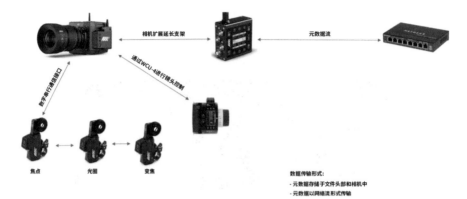

图 6-8　一个典型的 ARRI 套件场景将元数据通过 ETH 网络传输设置

图 6-9　ARRI UMC-4 控制器检视当前的元数据

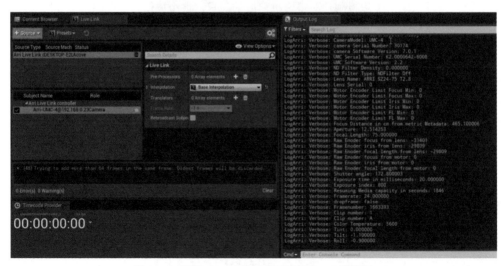

图 6-10　使用 Live Link 插件连接到 ARRI 摄影机

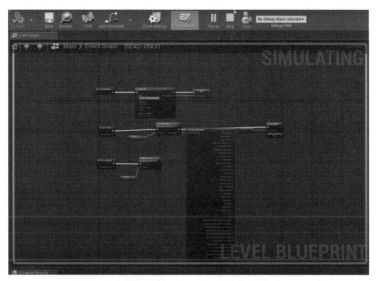

图 6-11　在 UE 的蓝图中使用元数据自定义导出所需要的参数

6.3 ◀ 摄影机反求

日常制作中会遇到一些摄影机拍摄的绿幕素材，需要通过 Nuke 等其他软件进行反求虚拟摄影机的情况。接下来，将通过实拍素材作为案例，讲解如何通过 Nuke 等软件进行反求并导入到 UE 中。

6.3.1　Nuke 反求摄影机

图 6-12　绿幕素材截图

图 6-12 是原视频素材截图，可以看到画面中绿幕部分有十字跟踪点，接下来通过反求这些跟踪点的信息得到摄影机的数据。以下是摄影机反求的流程。

（1）导入素材后，选择合适的色彩空间，要求有一定的对比度，保证画面中跟踪点与周围有着明显的对比。反求是根据色彩信息进行数据处理，因此要有足够的对比度保证摄影机反求的顺利进行。

（2）选择 CameraTracker 节点，如图 6-13 所示。接入到绿幕素材之后，对 CameraTracker

节点进行调整，主要调整反求的 Mask 范围、反求的帧范围、摄影机的运动方式、摄影机的焦段及摄影机的 CMOS 底的大小等参数。这是通过已知的条件尽可能的约束摄影机反求过程，以此来保证反求精度。

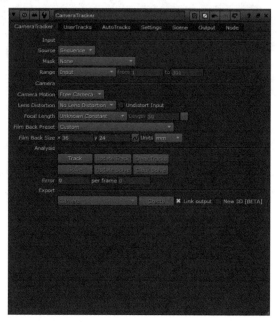

图 6-13　CameraTracker 节点

（3）在调整完已知的数据之后，单击 Track 按钮，对绿幕素材进行反求并解算。

（4）在反求和解算结果出来后，会看到画面中有如下几种标记。

①绿色标记：此跟踪点是可靠的且稳定的，如图 6-14 所示。

②橙色标记：此跟踪点并不是完全的可靠且稳定，但是具备一定的参考性或者可以转化为可靠的跟踪点，如图 6-14 所示。

③红色标记：此跟踪点不可靠且不稳定，如图 6-15 右下角所示。

图 6-14　跟踪点标记 1

图 6-15　跟踪点标记 2

（5）然后需要进行跟踪点的处理，在 CameraTracker 节点选项卡中选择 AutoTracks 命令，如图 6-16 所示。在该页面中，可以通过选择跟踪点信息的折线图并调整跟踪点持续的时间和能接受的最大错误数值等方法，来改变跟踪点的可靠度和稳定性。然后通过删除不能解算的和不可靠的跟踪点，尽可能地保留更多可靠的跟踪点，使最终的结果更加稳定。

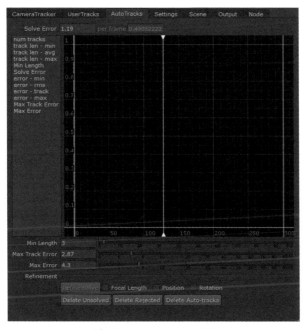

图 6-16　AutoTracks 页面

（6）处理完跟踪点后，对解算（见图 6-17）进行设置，选择需要导出建立的节点树，通常选择 Scene+ 节点树，再单击 Create 按键。

图 6-17　Solve 解算部分

然后就会得到如图 6-18 所示的节点树，Nuke 会创建基础的三维节点并相互关联。

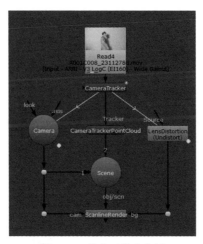

图 6-18　基础三维节点树

（7）在监看窗口单击 Table 按钮，即可进行 Nuke 三维和二维视图的切换，如图 6-19 所示。

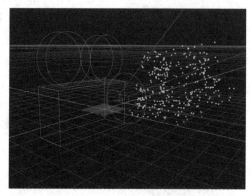

图 6-19　Nuke 三维摄影机界面

看到在三维空间中，摄影机已经建立完成，摄影机的基础数据一方面由之前设定所提供，另一方面是通过反求而计算得出。这些点云都是跟踪点在空间中的展现，可以回到二维空间中进行检查。如果最终摄影机的位置是准确的，接下来就要进行导出工作。

（8）Nuke 的摄影机导出是通过 WriteGeo 节点（见图 6-20）实现的。选择输出文件的路径，选择 FBX 等可以带摄影机动画的格式。单击 execute 按钮，选择所需时间范围，导出 FBX 文件。

图 6-20　WriteGeo 导出界面

（9）将带有动画的 FBX 文件导入 UE，再统一比例之后，就可以使用反求的摄影机进行背景的渲染了。

6.3.2　将带有摄影机动画的 FBX 等文件导入 UE

文件导入流程具体如下。

（1）在内容浏览器中单击 Import 按钮，如图 6-21 所示。

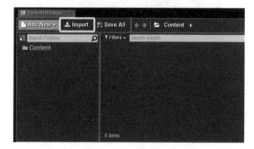

图 6-21　UE 内容浏览器导入界面

（2）找到并选择需要导入的 FBX 文件。

（3）单击 Open 按钮开始导入 FBX 文件到项目。

（4）在 FBX Import Options 对话中进行适当设置，如图 6-22 所示。

图 6-22　FBX 导入器设置界面

在 FBX 导入器中，有两个导入按钮供使用。第一个是 Import 按钮，可以将当前选定的 FBX 文件按照指定设置导入。第二个是 Import All 按钮，允许将当前选中的所有 FBX 文件按照指定设置导入。

（5）单击 Import 或 Import All 按钮添加网格体到项目。

（6）导入的场景和动画将出现在内容浏览器中。

6.4 ◀ 摄影机参数数据与 UE 联动

虚拟拍摄整体需要 3 台计算机设备，分别是主要负责 UE 场景的主控机器、主要负责相机校准和连接的校准机和主要负责同步和连接屏幕的渲染机。

在 3 台设备连接后正常打开所有设备，需要 3 台计算机连接同一局域网并提前准备好每个机器的相应 IP 地址。

6.4.1　校准机操作

如图 6-23 所示，在校准机器中打开 CMTracker 链接摄像机数据。

图 6-23 CMTracker 显示摄像头状况

如图 6-24、图 6-25 所示，正常连接的 CMTracker 可以在"系统"栏找到标定的摄像头动捕数据。随后，对摄像机进行校准操作后才能正常工作（可以单击切换至摄像头视口方便观察摄像机动态）。

图 6-24 识别摄像头编号　　　　图 6-25 摄像头视图

1. 环境光屏蔽

在"校准"栏中先将 PWM 参数开大，捕捉更多的红外环境光反射，同时调整、清理录制现场，直到只能在摄像头视口看到 8 个摄像机的定位点，如图 6-26 所示。

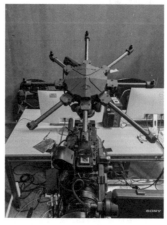

图 6-26 摄像机定位点

保持摄像机静止并单击"开始"按钮，将 PWM 参数缓慢调到 0，单击"取消"按钮。这时摄像头画面中应该只有摄像机的 8 个定位点。

2. 摄像机校准

装配 T 字定位尺，需要将两个定位点装在两头，装配完成后测试摄像头是否可以捕捉定位 T 字定位尺上的定位点，如果可以单击校准摄像机中的"全部"按钮，并将 PWM 参数调整到一个不会出现杂点的较小数值。这时摄像头的状态会改变，用灯光的形式显示加载进度，主机端会显示加载进度、校准方式以及计算机视口，如图 6-27、图 6-28 所示。

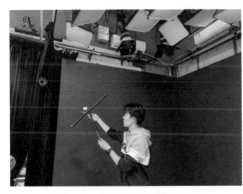 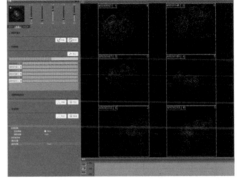

图 6-27 转动校准尺进行校准　　　　　图 6-28 校准中的视图显示

转动 T 字定位尺，屏幕中会显示记录的定点，尽量将定点均匀的铺满所有摄像机画面，等待加载完成后将显示每个摄像机的校准参数，参数越小越好，尽量将数值控制在 0.01 以下。

3. 坐标设置

如图 6-29 所示，准备 L 字定位尺，用于确定场景坐标系原点和象限。确定原点和之后将定位棒放置。在摄像机视口中看到 3 个定位点之后在"这是房间坐标系"中单击"校正"和"开始"按钮，校正之后再单击"取消"按钮。

图 6-29 L 字定位尺放置位置

4. 地面校准

如图 6-30 所示，准备活动定位点，用于确定场景的比例尺及场景大小和部分地形，在"校准地面"中单击"校正"和"开始"按钮，校正之后单击"取消"按钮，完成地面的校准。

图 6-30　地面校准

5. 摄像机连接刚体和光学惯性动捕校准

接下来进入"标记体"选项卡，进行相机的 IMU 连接和校准。如果连接正常则连接选项应该正常蓝色显示，如图 6-31 所示，单击激活当前标记体并确认建立刚体 IMU 连接；如图 6-32 所示，按照提示缓慢摇动摄像机等待进度条读满。随后进行光学惯性动捕校准，同样在确认后缓慢摇动摄像机等待进度条读满。

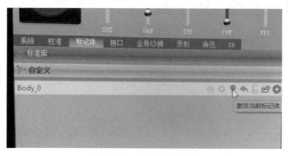

图 6-31　标记体菜单

图 6-32　摄像机光惯校准进度

如图 6-33 所示，在以上工作显示成功后单击高级设置中的"滤波设置"按钮将 IMU 权重按照需求调整在 0.05～0.5 之间（IMU 权重控制摄像机抖动修正，数值越小抖动越低）。

图 6-33　滤波设置

6. 摄像机镜头标定

将菜单栏调制 XR，打开摄像机并将相机的 ZOOM 和 FOCUS 两项数值全部调整到需要用到最小值，在类型窗口选择"编码器"命令并在串口选择摄像机与校准设备的连接串口，打开串口并在以下"数据发送"选项组中选中"SDI 同步"单击按钮的串口名称，同时需要确认表格中分别正确识别了主控机、校准机及摄像机的本地 IP 地址，连接正常时能看到 ZOOM 和 FOCUS 的数据在因为实时刷新而闪烁，如图 6-34、图 6-35 所示。

图 6-34 选择相应编码器

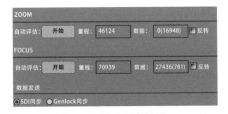

图 6-35 镜头标定校准

确认无误之后，在 ZOOM 选项中单击"开始"按钮并缓慢将摄像机的 ZOOM 由小调大至需要的最大数值。随后单击"停止"结束任务，如果量程中显示的参数无误则校准成功。

接下来，校准摄像机的 FOCUS（以上操作同 ZOOM 相同）。

校准机工作到此完成。

6.4.2 UE 主控机操作

主机通过 Vicave 进行 UE 和渲染设备的连接，注意需要开启和引擎版本相适配的 Vicave 版本。

1. 项目信息和 Vicave 配置

如图 6-36 所示，在项目信息中新建 XR 项目，选择资产保存目录和引擎安装目录。

图 6-36 新建 XR 项目目录

如图 6-37 所示，在"网络设置"选项卡中检查数据中心和渲染引擎的主机名称和 IP 地址是否正确连接。连接数据中心成功时左下角的提示栏正常显示，如不正常则需要更换至同一局域网并手动连接。

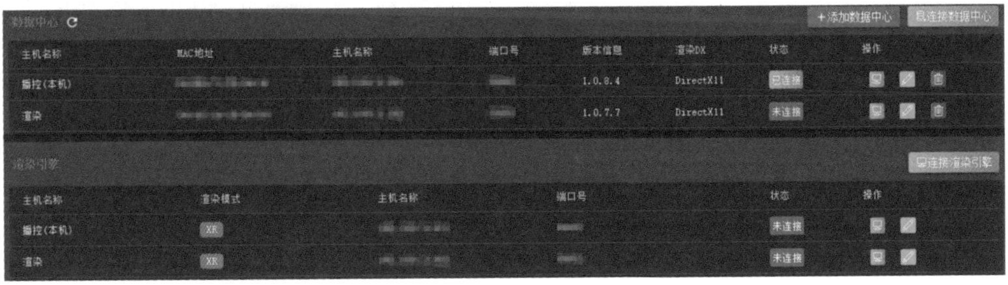

图 6-37 检查网络 IP 地址连接

如图 6-38 所示，添加成功后先单击进入"打开编辑器"按钮，Vicave 将自动启动 UE 相关场景。

图 6-38　编辑 UE 场景

2. UE 项目工程配置

自动打开 UE 工程之后，如图 6-39 所示，在项目设置 - 插件中启用 Live Link、Live LinkFreeD、nDisplay 等插件，在项目设置 -IP 设置中将本机 IP 地址填入。

图 6-39　工程所需插件

如图 6-40、图 6-41 所示，重启之后在添加窗口界面选择虚拟制片 -LiveLink，进入 LiveLink 连接，添加新的"源"类型或者直接使用已有的预设文件，连接成功后下栏会有绿色光点提示。

图 6-40　打开 LiveLink 窗口

图 6-41　LiveLink 窗口设置"源"

如图 6-42 所示，调出关卡视口，选择内容浏览器中的相关使用关卡，并添加在已有的"持久关卡"下方。

图 6-42　添加场景

如图 6-43、图 6-44 所示，在大纲视图中选择 nDisplace_InCamVFX_Config 文件，在该文件细节下添加 LiveLinkTrackingComponentController 组件及该组件的 lens 镜头文件。

图 6-43　添加 LiveLink 组件

图 6-44　添加镜头文件

为方便移动旋转等功能，新建 Actor 将所有 nDisplay 的文件添加为其子集，调整后将该 Actor 的 Z 轴调整至场景的地面高度，并记录 Z 轴的位移数据。

如图 6-45 所示，在大纲视图中搜索 BP_AS 文件，在该组件细节面板下方添加刚刚在关卡视图中添加的关卡文件。

图 6-45　添加关卡进入蓝图

如图 6-46 所示，调整结束后保存并关闭视口，在 Vicave 最下栏关闭所有引擎，右击项目，在弹出的快捷菜单中选择"同步工程"命令。

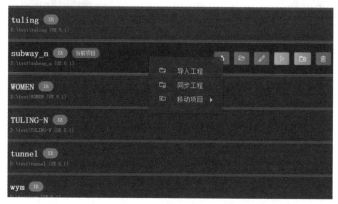

图 6-46　选择"同步工程"命令

如图 6-47 所示，同步工作完成后单击项目的"运行"按钮运行工程，渲染机 UE 工程开始运行。

图 6-47　启动项目

如图 6-48、图 6-49 所示，工程运行后 Vicave XR 自动启动，在"资源 - 位置"中右击，在弹出的快捷菜单中选择"添加视点"，在设置面板将摄像机视口的 Z 轴位移调整为刚刚记录的 nDisplay 数值，单击"确定"按钮添加记录视点。

图 6-48　添加视点

图 6-49　按照需求改变 Z 轴并记录视点

第7章

虚实场景的
匹配系统

7.1 虚拟场景的测量标准（测量单位、测量方法）

不同的数字内容创作（Digital Content Creation，DCC）之间，每个单位（unit）所表示的含义是不同的，来自非影视行业的美术部门及制造行业的数字三维模型资产通常都有着各自的数据单位标准，在进行虚拟场景匹配时，通常需要进行仔细的单位缩放匹配。

7.1.1 统一模型尺寸标准

在 UE 中，场景的尺寸以 unit 为单位表示，默认情况下，1 unit = 1 cm。这是为了方便使用者能够更好地掌握场景中物体的大小和距离。但是，在不同的 DCC 软件中，模型的尺寸单位可能有所不同，因此在将模型导入 UE 时可能会出现尺寸缩放的问题。

为了避免这种问题，利用 FBX 导入静态网格作为资产时，可以在 FBX 导入选项中进行缩放设置。

在利用 ABC（Alembic）文件进行线性资产管理时，可以使用其单位缩放定义来进行非破坏性设置与编辑。

在使用 USD 进行多元化资产管理时，可以利用元数据定义缩放尺度，以元数据定义的方式对资产的尺寸标准进行管理编辑和调整。该方法拥有更灵活的控制和同步选项。

汽车、建筑、工程设计行业的数据可以由 Datasmith 插件导入场景，这样可以保证模型的尺寸单位的正确转换。

此外，在 UE 中也可以使用测量工具来测量实际尺寸，以便更好地控制场景中物体的大小和距离。

在不同 DCC 之间互通时确立一个统一的尺寸比例标尺，也有助于资产的管理与互通。通常视效行业工具常见的比例也是将 1 unit 定义为 1 cm。当然实际情况中，不必过分苛责比例尺寸。根据需求的不同，可以进行可追述、可跟踪的"微调"，以获得更好的画面表达。但切忌彻底忽视单位比例关系的重要性，特别是在大型协作中，对比例的"微调"一定要在上下游进行详尽的沟通和协调。

7.1.2 UE 中 Landscape 尺寸管理

UE 中除了大部分具有"体积"的模型资产之外，也有像 Landscape 这样的资产，通常也用一些数值去表达特定的尺寸。特别是其 Z 轴的高度在制作地形造型时，很容易与其他 DCC 引擎中的置换地形高度尺寸混淆。以一个简单的 Landscape 操作介绍一下如何在 UE 中管理地形的尺寸和高度大小。

1. Landscape 实际尺寸测量

根据 Landscape 的 Overall Resolution（整体分辨率），可以计算出 Landscape 的实际尺寸。在 UE 中，1 unit 默认为 1 cm，而 Landscape 会默认将 X、Y、Z 轴缩放设置为 100，从而将单位换算为米，如图 7-1 所示。因此，分辨率中的数值便是 Height map resolution（高度图分辨率）中 UE unit×100 后的数值。例如，如果 height map 的分辨率为 1 000 unit×1 000 unit，那么 Landscape 的实际尺寸便是 1 000 m×1 000 m。

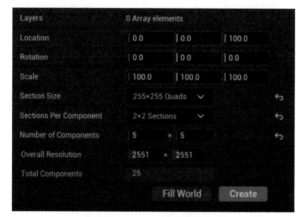

图 7-1　Landscape 属性示意

2. 计算高度图 Z 轴刻度

当调整 Landscape 的高度时，可以通过调整 Transform 的 Z 值来进行，因为灰度图的位数有限制。UE 使用 −256 ～ 255.992 之间的值来表示高度，使用 16 位精度进行存储。然后，将计算出的高度乘以在导入高度图数据时输入的 Z 轴刻度值。例如，使用默认的 Z 轴刻度值 100，高度将在 256 m ～ −256 m 之间。

当需要计算自定义高度时，需要使用比例值将自定义高度值转换到 UE 使用的 −256 ～ 256 范围内。因为高度范围总计为 512 个单位（−256 ～ 0 是 256 个单位，0 ～ 256 又是 256 个单位），比例值为 1/512 或 0.001 953 125。通过将衡量单位转换成 cm，然后乘以比例值，即可得到应当输入的 Z 值的结果。

7.2 ◀ 虚拟场景中的透视匹配（nDisplay）

关于透视，有一定摄影经验的人应该了解"近大远小"原则，对于虚拟制片来说需要明确的是，当摄影机在发生 X、Y、Z 方向（前后左右上下）移动时，会很容易观察到近处的物体在画面内发生的位移变化很大，远处的物体在画面里发生的位移变化较小。这种画面内元素由于远近关系在观察者视角发生相对之间的位移变化就是空间透视。这种透视主要由视平面和被摄物体发生轴向上偏移导致。

这种透视通常也伴随着被摄体不同侧面被遮挡或显露的关系变化。例如，在一个人面前从左走到右，会逐渐看见他的左侧脸转变到他的右侧脸。这种变化对于较远的物体来说不太明显，而对近处的物体则更为显著。即这种变化也符合"近大远小"原则。

摄影机在进行移动的时候，由于 LED 屏幕的物理实际距离跟虚拟场景中虚拟物体实际的物体距离有很大的差距，如果是遥远的天空和山，其在画面上位移的距离差非常的多。如图 7-2 所示，可以看到向右进行横移运动时近处的方块从画面左方移动到画面右方，而远处的方块则停留在画面中心区域稍微向右移动了一段较小的距离。

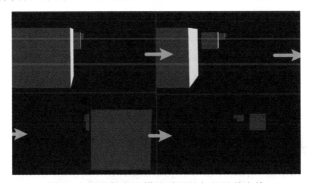

图 7-2　摄影机向右横移时近处与远处的方块

如果只是将三维渲染的内容像视频一样将一个固定透视得到的结果渲染在 LED 屏幕上，那么当现实摄影机产生位移时拍摄的画面就很难得到正确的近大远小变化，如图 7-3 所示。这也是在虚拟制片中需要对摄影机的空间位置进行实时跟踪的主要原因。

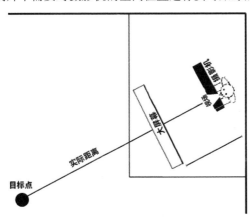

图 7-3　摄影机、LED 与 UE 中物体真实空间位置的关系

摄影机在使用不同焦距的镜头时由于不同焦距的摄影机在相同画幅下拍摄同等大小的物体会有不同程度的透视畸变。使用广角镜头拍摄时进大远小的关系会被夸大，使用长焦镜头拍摄时近大远小的关系会被减弱，如图 7-4 所示。

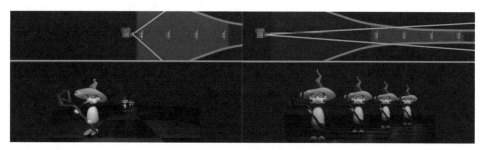

图 7-4　广角镜头（左）与长焦镜头（右）拍摄得进大远小关系对比

　　UE 中用于 ICVFX 背景部分的画面在摄影机运动时会根据实际的透视变化在选定的视锥范围内创造适合的逆向透视，从而在摄影机拍摄的画面中得到正确的正向透视效果。

7.2.1　摄影机镜头校准

　　摄影机的镜头由于现代光学特性的原因通常在广角端和长焦端会有很强烈的镜头畸变，镜头畸变主要为筒形畸变与枕形畸变，如图 7-5 所示。这些畸变也是由于现代光学制造工艺的不同，几乎每一个镜头都有着不同程度的内外变化，甚至有些畸变的中心是偏离画面正中心的。

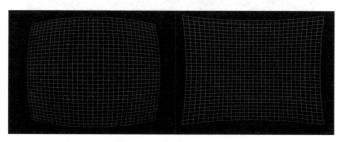

图 7-5　筒形畸变（左），枕形畸变（右）

　　传统的 VFX 工作流中需要拍摄棋盘格板或者镜头畸变版（checkboard / lens distortion grid）用实际拍摄的摄影机去逐一地创建镜头数据，来记录下每一个镜头的畸变情况，如图 7-6 和图 7-7 所示。

图 7-6　在工作室中拍摄镜头畸变板

图 7-7 一个筒形畸变较大的镜头拍摄镜头校准板的素材

在三维空间中摄影机是光学上"完美"的，因此它的内外畸变都为 0（也称非畸变画面），用三维世界中的摄影机拍摄下来的畸变板无论是广角还是长焦，都是横平竖直的。所以如果在后期合成阶段需要正确匹配镜头畸变时，需要从三维渲染的素材应当以过扫描（overscan）的形式进行渲染输出，以确保有足够的画幅素材进行畸变矫正。或者在使用虚拟制片技术进行拍摄时，需要在 nDsiplay 显示的"逆透视"三维空间中正确的模拟出这样的镜头畸变，如图 7-8 所示。

图 7-8 使用 UE 校准镜头畸变并同步镜头

由于 7.1.1 节中提到的相对比例关系，需要正确地为虚拟世界的摄影机设置其空间中的绝对位置及运动时的尺度比例。同时跟踪得到的摄影机跟踪器与摄影机光轴的位置也需要与 UE 世界中实际的偏移量进行校准，如图 7-9 所示。

图 7-9 检查 VIVE Tracker 与 UE 中的 Tracker 的偏移

综合以上因素，摄影机镜头校准并创建数据，记录这些校准结果对于 UE 中的虚拟摄像机非常重要，因为它可以确保虚拟摄像机的位置和方向及镜头内关系与现实世界的物理摄像机完全匹配。

摄影机校准也应该包含提到的帧同步（Genlock Sync）与色彩校准。这部分不包含在 UE Lens File 中，但在虚拟制片过程中应使用其他工具完成这些校准。此外，同步摄影机的 FTZ（Focus、T-stop、Zoom）数据也同样重要，应将其统归进摄影机校准之中，因为色差有时也是由摄影机和镜头镜片造成的，而不同步的画面撕裂、频闪等更多的是来自摄影机快门和传感器读取。

7.2.2 通过 UE 镜头文件完成镜头校准

UE 中 Camera Calibration（摄像机校准）插件向用户提供了简化的工具和工作流程，用于在编辑器中校准摄像机和镜头，如图 7-10 所示。此校准流程会生成所需的数据，以准确地将虚拟摄像机与物理摄像机在空间中的位置对齐，并对物理摄像机的镜头失真建模。该插件引入了 Lens File（镜头文件）资产类型，其中封装了摄像机和镜头的所有校准数据。

图 7-10　UE 插件面板中的 Camera Calibration 插件

Camera Calibration 插件还包含一个功能强大的镜头失真管线，它能获取校准后的失真数据，并将准确的后期处理效果应用于 CG 渲染以便于后期进行绿幕合成。失真后期处理效果可以直接应用于电影摄像机 Actor，以在电影渲染队列中使用，或者应用于 Composure 的 CG 层，如图 7-11 所示。

图 7-11　一个成功连接到 LiveLink 并加载 Lens File 的虚拟摄像机

UE 的 Lens File 资产编辑器提供了多种校准工具，可用于自动填充校准后的数据，并提供了曲线编辑器供用户进行调整。Camera Calibration 插件使用 Lens File 资产将原始聚焦和光圈值转换为电影摄像机组件使用的物理单位。除了原始输入值外，Lens File 中还存储了失真参数、摄像机固有属性和节点偏移。根据存储的聚焦和变焦点之间的插值，可以评估任何聚焦和变焦位置的校准后的 Lens File。

在 UE 中创建 Live Link Controller 大致步骤如下。

（1）启用 Camera Calibration 和 LiveLinkXR 插件。

（2）创建 CineCamera（电影摄像机）Actor 和 Camera Calibration Checkerboard（摄像机校准棋盘格）。

（3）输入匹配的 Sensor Width（传感器宽度）和 Sensor Height（传感器高度），这些数据通常可以从电影摄影机制造商网站找到具体数值，值得注意的是同一款电影摄像机在不同拍摄画幅下使用的传感器范围是不同的，不要错误的输入了传感器的全尺寸作为宽度和高度。

（4）添加并将虚拟摄影机与 Live Link Controller（Live Link 控制器）绑定，同时将使用的跟踪器数据与摄影机绑定，如图 7-12 所示。

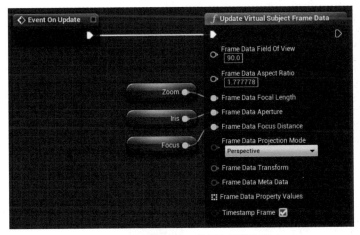

图 7-12　蓝图中将 FTZ 数据与摄影机绑定

（5）创建在内容浏览器创建 Lens File 资产并在 Camera Role（摄像机角色）分段中找到 Lens File 并加载，如图 7-13 和图 7-14 所示。

图 7-13　在内容浏览器中找到镜头文件　　　　图 7-14　在摄影机中加载镜头文件

（6）在 Calibration Steps（校准步骤）面板选择 Lens Distortion（镜头失真）命令并拍摄准备好的镜头畸变校准板。通过"Nodal Offset（节点偏移）"手动调整确保畸变板和跟踪器都成功对齐。

7.2.3 使用 nDisplay 创建 LED 墙

nDisplay 是 UE 创造的用于多个屏幕同步显示的系统，它负责统一管理并在不同的媒介上正确地显示画面。nDisplay 主要解决了在系统中多台计算机同步渲染到不同屏幕区域的问题，同时根据屏幕的物理空间位置，正确地管理每个屏幕视锥的透视计算工作。此外，它和跟踪系统紧密结合从而可以准确地动态划分出内视锥与外视锥显示区域并分别进行动态的实时渲染。

使用 nDisplay 时首先应该创建匹配现实系统的屏幕静态网格，如图 7-15 所示。

图 7-15　创建屏幕静态网格

然后正确地设置 ICVFX 的摄影机，并设置好视锥关系，如图 7-16 所示。

图 7-16　设置 ICVFX

最后需要仔细检查屏幕之间的输出映射（output mapping），将每个显示面板组与对应的群集（cluster）进行对应设置，记得对群集内的每个屏幕进行详细的设置，如图 7-17 所示。

图 7-17　nDisplay 输出映射视窗

7.2.4　使用 ArUco 对 LED 墙与摄像机进行匹配

根据上述步骤创建好镜头配置文件后，在配置选项中进入设置好的 nDisplay 的舞台，接下来将使用 UE 自带的 LED 墙校准工具对镜头的畸变和 LED 屏幕与摄影机进行校准。

ArUco 是基于开源项目的计算机视觉匹配系统，如图 7-18 所示，辅助摄影机与屏幕之间的空间关系进行校准。

图 7-18　ArUco 标记示意图

1. 准备 ArUco 用于校准 LED 墙

首先在 LED 中加载创建 ArUco 标识所需要的插件，如图 7-19 所示。

随后选中 LED 静态网格体，并为其添加名为 Calibration Point（校准点）的组件。随后将校准点工具设置为创建 ArUco 模式，并在其中填入群集面板里设置的分辨率，如图 7-20 ～图 7-22 所示。

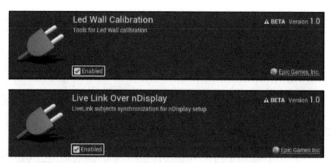

图 7-19　LED 墙校准与 nDisplay 同步插件

图 7-20　创建校准点

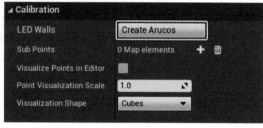

图 7-21　创建 ArUco

随后将生成好的纹理贴图赋予集群的贴图源并选择 Instance Editable（实例可编辑）命令。随后在 nDisplay 蓝图中选择 Replace Viewport Textures（替换视口纹理）和 Enable Editor Preview（编辑器预览）命令。并在 World Outliner（世界大纲视图）中勾选 Replace Viewport Textures（替换视口纹理）复选框，如图 7-23 ～图 7-26 所示。

图 7-22　设置生成纹理的分辨率

图 7-23　为 LED 屏设置材质为刚才创建的 ArUco 校准贴图

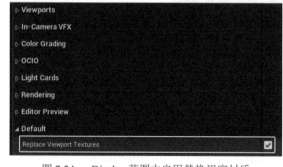

图 7-24　nDisplay 蓝图中启用替换视窗材质

图 7-25　启用编辑器预览并替换视窗材质

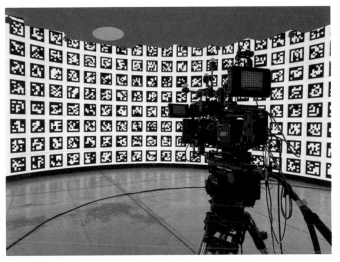

图 7-26　正确显示 ArUco 的 LED 墙

2. 校准 LED 墙

打开先前创建的镜头文件，将其与 LiveLinkController 下的摄影机连接。

在 NodfalOffset（节点偏移）选项页中可以先暂时通过调整 ArUco 标识覆盖层的透明度来隐藏 ArUco 标识，如图 7-27 所示。

图 7-27　调整 ArUco 标识透明度为 0

然后在 Nodal Offset Algo（节点偏移算法）下拉表中选择 Nodal Offset Aruco Markers（节点偏移 Aruco 标识）命令，在 Calibrator（标准器）下拉列表中选择 nDisplay Blueprint（nDisplay 蓝图）命令并勾选 Show Detection（显示检测）复选框，如图 7-28 所示。

图 7-28　节点偏移面板设置

随后将摄影机摇向 LED 墙单击视窗并重复这个步骤多次，直至 LED 上大部分区域都被成功拍到，如图 7-29 所示。

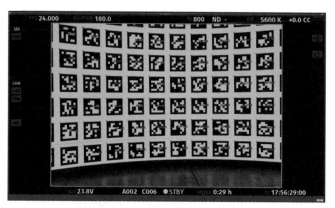

图 7-29　摄影机拍摄的 ArUco 校准板

随后只需要单击 Apply to Camera Parent（应用于摄像机父项）按钮就可以将摄影机和跟踪器的偏移成功应用于前面创建在追踪点下的 ICVFX 摄影机。随后可以再适当调高 UE 内渲染的 ArUco 来对比拍摄画面中的二维码块以此来确认校准的结果是否准确可靠。

7.3 ◀ 实景辅助搭建

当进行虚拟制片中的现实置景时，需要根据拍摄场景的具体情况来调整置景方案。有些场景可能不需要展示地面，如在楼顶或类似悬崖等高度差较大的场景中，虚实结合的问题会相对较小。但在一些需要展示地面的场景中，比如在《曼达洛人》中，需要注意现实置景和 LED 屏幕之间的布置问题。

为了让虚拟场景和现实置景更加贴合，需要在材质方面进行优化。现实置景中的地面最好和虚拟场景中的地面材质保持一致，如在纹理的缩放、反射率等方面进行统一。同时，美术道具可以用来遮盖 LED 屏幕和表演区域地面的衔接处，如岩石、植被等，也可以考虑在地面上铺设 LED 屏幕来达到更好的效果。

在宽阔的场景中，需要注意虚拟摄影机透视的匹配，同时还要保证现实置景和虚拟场景中道具的尺寸相匹配。此外，可以将地面适当垫高，以遮挡 LED 屏幕的边缘，使整个场景更加真实。

7.4 ◀ 道具资产扫描

7.4.1　利用 LiDAR 或摄影测量建模创建扫描虚拟场景

在虚拟制片制作中，现实置景可以通过多种方式进行生成和优化。

一种常见的方法是使用摄影机深度扫描生成，使用徕卡（Leica）提供的专业 LiDAR，或现在许多苹果设备均支持 LiDAR 深度摄像机和三维扫描程序；使用专业的 NCAM 套件或者其他二次开发的 kinect 外设、leapmotion 体感控制器，以及利用辅助摄影机拍摄的画面配合 AI 算法混合生成深度数据。

此外，也可以通过相机、无人机环绕场景与道具拍摄多张不同角度照片来进行摄影测量建模（photogrammetry）建立三维模型和制作真实的贴图纹理。Sony 的 backdrop library 在 *Make colors*，*Make Shibuya* 中便是通过实景拍摄涉谷照片，随后再生成等比例的涉谷虚拟场景。市面上也有一些专业的 LiDAR 和 LightStage 三维扫描设备和解决方案，可以作为高质量资产扫描的选择。

　　LiDAR 的数据可以使用 UE 自带的 LiDAR Point Cloud Support（LiDAR 点云插件，见图 7-30）直接导入、可视化和编辑点云。该插件还支持各种着色技术。

图 7-30　LiDAR Point Cloud Support 插件

7.4.2　利用在线数字资产库创建虚拟场景

　　除了现实生成，扫描资产库也是一个非常有效的快速构建真实虚拟场景的方法。Quixel Megascans 是一项现实资产扫描计划，包含非常多的扫描模型、贴图纹理、贴花等资产，并且按照其条款可以在 UE 中完全免费使用。使用 Quixel Bridge 可以将 Megascans 中的各种资产直接发送到 UE，或是 MAYA、C4D 等主流 DCC 软件中。此外，其他一些资产库，如资产库 3D Scan Store、PBRMax、textures.com 等资产库、也有基于开源着色器 MaterialX、OSL 的 AMD Open，ShadersBox 及 github 上的 OSL 库等，也可以在快速构建真实虚拟场景中起到很大的帮助。

7.5◀　使用机械装置作为辅助拍摄

　　在拍摄太空、载具、机器人平台等情况时，通常会用到各式各样的液压机械装置，这些装置通常靠一系列电子控制系统去驱动平台，如图 7-31 所示。这些装置的空间位置信息数据通常很难通过较低延迟的开发工具提供给虚拟制片引擎。这时通常需要制作多个特殊的跟踪器附着于平台上以正确获取机械平台的空间位置信息。特别是在拍摄太空题材时，在 UE 中正确使用蓝图绑定它们与摄影机、场景之间的相对关系，以获得正确角度渲染的画面提供给 LED 墙。

图 7-31　使用机械装置液压平台进行虚拟制片拍摄

电动多轴机械臂组成的运动控制系统（Motion Control，MOCO）来控制场景中得装置平台或控制摄影机进行可重复轨迹运动、延时低速运动、超高速运动。这类特殊的运动类型通常在拍摄时需要特殊对待，这些运动轨迹控制装置都有自己内部的工程数据用以控制和记录它们的运动关系。通常需要与其开发部门紧密工作才能很好地将这些数据导出转换成可以直接用于三维软件中摄影机的运动数据。如 MRMC 公司开发的 MOCO 系统，如图 7-32 所示，可以使用同为该公司开发的 SIMUL8 工具将其编程的运动数据传递给 MAYA，然后再将其通过 Live Link 输出给 UE。

图 7-32　MRMC 的 BOLT MOCO. 机器人正在进行虚拟制片拍摄

传统拍摄中的电动控制拍摄系统如图 7-33 所示。由大型电控摇臂（telescopic cranes，俗称伸缩炮）、电控钢缆（俗称飞猫）、电子云台（俗称电子稳定器）组成。

图 7-33　使用 SCORPIO 电控摇臂与电子云台进行虚拟制片拍摄

当使用电控摇臂时，这些系统通常有着各自独立的内部数据结构。其数据通常因为其相对位置的校准困难及实际控制精度、数据传输处理延时的问题，在开发这样的工具时摄影机通常很难获得有效的数据。此时可以使用常规的虚拟制片跟踪方案来校准与跟踪摄影机。此时应特别注意，跟踪器的设置应该与摄影机保持一致而非将其绑定在电控云台的主轴或者横滚轴上，如图 7-34 所示。

图 7-34　在电控摇臂上使用 Mo-Sys 进行虚拟制片镜头跟踪

7.6 ◀ 实景与虚拟之间的色彩匹配

7.6.1　使用 ACES 色彩空间管理色彩

通常资产表面材质与贴图都有自己的色彩空间，如 4.3.1 节材质贴图中介绍这些材质，有的负责定义表面色彩，有的控制表面粗糙度。它们过去常以线性或 sRGB 色域存储于 PNG 或者 TIFF 格式中。但不同 DCC 对 sRGB 和线性的"诠释"方式不同，会导致他们在不同生产环节最终渲染显示的结果不同。

例如，用 CG 做了一艘飞船，LED 屏幕上也出现了一艘相同的飞船。或者前景搭建的地面需要用相同质感和材质的地面在 LED 屏幕上延展。UE 默认色彩空间是在 sRGB 的色彩空间下，如果是以相同的伽马值进行储存的 sRGB 文件通常能够获得正常的显示。需要注意的是，如果这时引入了使用 TIFF 格式存储的基础色贴图（BaseColor）的情况，因为该格式贴图文件最初是在如 Mari 此类使用线性色彩空间的软件中创建生成的，虽然转换的结果差异不大，但由于 Mari 对线性空间到 sRGB 的转换与 UE 对 sRGB 空间转换的不同或非可逆（正逆转换之间不是反函数关系），会导致最终显示颜色差异。

行业为了解决这种问题提出了基于 OCIO 标准的专业色彩编译系统（Academy Color Encoding System，ACES）进行色彩管理。对于场景匹配来说，需要在使用 LiDAR 及摄影测量建模时正确地将数据统一转换到 ACEScg 的线性 OpenEXR 文件中进行存储，然后在外观研发阶段的工具（如 Substance Painter、Mari、3DCoat）中将工作空间设置为 ACES。最终渲染的时候也正确地将 UE 设置在 ACES 工作空间下，这样最大程度地减少了色彩空间导致的颜色匹配问题。

7.6.2　使用色卡与反射球检查和匹配色彩

在正确设置好工作空间之后，下一步在进行数字资产色彩匹配时，需要一个参照物来帮助检查和校准颜色。在现实世界通常会带上一张标准色卡，一个中灰的哑光球，以及一个光滑镜面反射的镍球。

　　色卡能帮助检查色彩空间和白平衡是否正确，灰球能帮助检查光影变化的关系及光的软硬角度是否正确，银球能帮助检查 HDRI 设置的角度颜色亮度是否正确，如图 7-35 所示。

图 7-35　CG 渲染的检查器组合（左）与实拍的检查器组合（右）

　　在 UE 中可以将检查器组合和现场实拍的检查器组合进行效果对比，其中最重要的是通过检查色卡进行色彩校准，ARRI 和 Sony 都有自己的色彩校准流程，在 OCIO 流程中，也可以通过显示输入 / 输出环节增加校准 LUT，在传统的各个 DI 环节中也可以根据项目实际需要进行色彩校准流程的设计。

第 8 章

灯光系统

8.1 ◀ 虚拟拍摄灯光概念

虚拟制片的效果与灯光效果密不可分，虚实联动中很重要的一部分是光影的联动。在以 LED 屏幕作为背景进行影片拍摄的过程中，往往需要对虚拟灯具和物理灯具进行同步调整。当虚拟场景中的光照环境被设计和搭建好后，虚拟拍摄中灯光的意义体现在如何有效地在物理空间中匹配和同步灯光环境。在虚拟拍摄中 LED 屏幕实时呈现的背景提供可视化特效，能够极大程度地解决这个问题。此外，通过 DMX（调光控制系统）或网络控制系统连接和控制灯具，将物理环境灯光与屏幕灯光效果相结合，实现同步和无限重复性，如图 8-1、图 8-2 所示。

图 8-1　剧集《曼达洛人》拍摄现场实时驱动 LED 屏幕，并且随时修改虚拟场景中的照明效果

图 8-2　电影《地心引力》拍摄中搭建的可控 LED 灯箱

虚拟技术使摄影机内画面能够与数字特效同步出现，不再有大量的后期特效时间，一切进入"后期前置"阶段。这对于光线的控制也提出了更精准的要求。数字虚拟技术促进数字灯光智能化。数字灯光参与进虚拟拍摄中，灯光师的工作方式和参与程度也发生转变，灯光效果实时可视化、工作流程智能化[①]，标志着灯光进入更加自由地表达和更高参与性的时代。

虚拟拍摄中引入的数字灯光，使影视拍摄灯光可被量化、精确化并可被储存，创作者对于灯光的控制程度和要求也逐步提升。

虚拟拍摄对于灯光师的创作提供了两种方案，一是在 UE 中搭建好所需的一切灯光效果，然后在物理现场中，利用现场的灯具进行还原；二是 UE 与物理灯光环境同时在现场进行搭建。这两种方案对创作者提出的最主要的要求是，创作者应该考虑好所需要的效果，以及在屏幕上呈现的环境，明确虚拟环境中需要创造的光照环境及物理现场中需要添加的灯光。

首先，灯光部门需要在前期及时参与，针对可能存在的数字资产配合需求及时与各虚拟制作部门、现场制作部门进行沟通，共同确认实现方案。

其次，由于虚拟拍摄需要在 LED 屏幕前进行拍摄，除去艺术创作部分，还需要考虑到灯光与屏幕之间的距离和角度、灯光在影棚中可悬挂和放置的空间等技术问题。根据 LED 屏幕与虚拟资产结合所呈现的效果，避免与 LED 屏幕衍射光产生冲突。

另外，灯光部门要尽早进行设备器材统筹计划、根据现场情况提前设计灯光设备布局等工作。

8.2 ◀ 虚拟拍摄常用灯光类型

在虚拟拍摄中，常用的灯光光源为人工光源，主要使用电光源和半导体光源。如固体放电类的白炽灯、半导体灯；气体放电类的低压荧光灯、高压钠灯、金属卤化物灯等；以及 LED 半导体光源。电光源和半导体光源具有高发光效率、高显色性、长寿命、成本降低等优点。而对虚拟拍摄而言，高显色性、准确色温、亮度足够、反应能力快速是它对灯光的要求。

① 丁艳华，袁嘉良.虚拟影像中的数字照明研究 [J].当代电影，2022（4）：160-164.

8.2.1　LED 屏幕

LED 屏幕自身就是虚拟拍摄中最大的光源。所有的 LED 面板都能为物理环境、置景和角色打光。LED 屏幕实际是物理空间中一个巨大的屏幕光源，能够产生柔和的漫反射，当 LED 屏幕足够亮的时候，可以有效地成为空间中的物理光源，提供真实的环境光照。LED 背景墙的每一个像素点都是一个独立的光源，可以根据需要去控制每一块单独的 LED 面板。场景中的灯光环境会随着 LED 屏幕上图像的变化而相应的发生变化。与传统的影视照明灯具相比，LED 屏幕调整自由度更高。

在虚拟制作中，灯光是由 LED 屏幕产生的，因此可以实现实时驱动，从而更好地响应现场制作的动态性质，甚至达到"所拍即所得"的效果。其颜色、强度和方向等元素都可以逐个镜头地进行调整，且对片场的物理依赖性较小，这使虚拟制片和 LED 屏的组合非常受欢迎，因为它极大地提升了实际拍摄现场的灵活性和创造性。

但是，LED 背景墙主要还是作为一种显示设备，其屏幕亮度和发光原理与照明灯具相比还是有所区别，LED 背景墙主要通过 RGB 灯珠进行发光，光谱分布不均匀，显色性不高。仅将 LED 屏幕作为光源的话，会面临照度不足、显色不好等问题。因此大部分时候还需要使用更多的灯具。

在电影《星际迷航》LED 背景墙的场景中，摄影采用了约 250 个虚拟灯具，而在物理空间中，约采用了 60 个不同的灯具进行灯光还原，如图 8-3 所示。在虚拟棚拍时，第一步是平衡前景中真实的物理布景和虚拟环境，为此首先需要控制 LED 屏幕的亮度，通常需要将 LED 屏幕亮度调暗，然后与空间内的物理灯光进行平衡。

图 8-3　电影《星际迷航》虚拟影棚

8.2.2　LED 灯具

LED 是一种能将电能直接转化为光能的半导体气件。LED 光源使用低压电源，安全性较高，效能高。近年来其取得了惊人的进步，实现了高稳定性、快响应时间、高显色性、高发光功率。

应用于虚拟制作上的几种主流 LED 灯具根据灯具形态可以分为平板类、聚光类和灯管类。目前大部分 LED 灯具都设计有 DMX 输入 / 输出口，支持 DMX 控制、蓝牙控制等，如图 8-4～图 8-8 所示。

图 8-4　ARRI SKYPANELX 支持多种控制方式

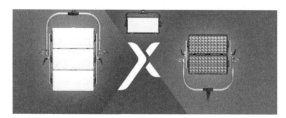

图 8-5　平板类灯具

图 8-6　聚光型灯具

图 8-7　灯管类灯具

图 8-8　灯具上的 DMX-512A 输入 / 输出接口

8.2.3　传统影视灯具

在影视拍摄中采用的灯具依旧被采用，包括金属卤素灯、钨丝卤素灯、荧光灯等。这些采用传统发光原理的灯具具有更高的显色性能和更稳定的色温。但在虚拟拍摄中，会更倾向于选择支持数字控制的灯具，以便于调用，如增加了 DMX 控制和远程控制的 ARRI MAX 系列，或者额外增加可控硅硅箱，通过硅箱进行对灯具亮度的控制，如图 8-9 ～图 8-11 所示。

图 8-9　钨丝卤素灯

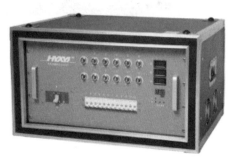

图 8-10　硅箱

图 8-11　ARRI MAX 系统镇流器，支持 DMX 控制

8.2.4　电脑灯

电脑灯是指在灯体内增加了电机，内置了图案，便于切割等可精细调光的一类灯具。电脑灯包括切割图案灯、光束灯等，目前电视灯光和戏剧灯光中都已经广泛使用电脑灯，近年来电脑灯也被运用于电影灯光中。包括有切割图案灯、光束灯等，统称为电脑灯。高质量的电脑灯具有高显指、高流明等特点，满足了影视拍摄的基础参数，同时其特有的切割、图案、光束等功能在虚拟拍摄中也非常有用。精细调节亮度、色温、位置的功能，也能为虚拟制作创造良好的灯光效果。

但电脑灯光质较硬，且光源显色指数与影视灯具仍有一定差距，因此目前这类灯具更多被用作于效果和造型灯具，而不直接投射在人物身上。

8.3　数字灯光系统介绍

在虚拟拍摄中，为了高效率地将虚拟环境灯光与物理环境灯光进行匹配和控制，因此合适的灯光控制系统被广泛地应用，并已从大型制作扩展到了中、小型制作。通过数字灯光系统，可以快速、便捷地控制灯光亮度、色温、位置等，还可以协调进入数字灯光系统内不同的光效，实现光效的切换。

一个完整的调光系统由调光控制台、调光器、灯具和周边设备等构成。根据控制信号的属性不同，分为模拟式、数字式和网络式三种。

专业的灯光控制台可以对灯光进行复杂的编程和储存，能够创造精密的程序设置光效及光效的变化。而调光器能通过调整各个单元的电压来控制不同灯具的不同属性通道，一个指令可以控制灯具的一个通道，市面上的灯具通常有一个到几十个通道，分别控制灯具的亮度、色温、颜色等，如图 8-12 ～图 8-15 所示。

图 8-12　GrandMA2 Fullsize 灯光控台

图 8-13　ETC 灯光控台

图 8-14　GrandMA3 小型灯光控台

图 8-15　ETC 小型灯光控台

8.3.1 DMX 调光控制系统

DMX 意为多路数字传输，DMX512 协议全称为用于调光器与控制台的数字数据传送标准。20 世纪 90 年代，美国舞台灯光协会将数字多元信号标准化为 DMX512 信号。该标准详细规定了数据的格式，规定了数字通信的信号协议和连接器的具体要求。目前大部分灯光控制台和灯具设备都与 DMX512 协议兼容。把具有 DMX 接口的各种灯光设备用 DMX 线缆连接，所构成的灯光控制系统则为数字灯光系统。DMX 调光控制系统是许多棚内灯光控制系统的基础条件，稳定性高。

8.3.2 网络控制系统

随着网络技术的成熟，互联网传输灯光控制信号的技术也相继成熟。目前较为普及的网络灯光控制系统有 ACN（Advanced Control Network）和 Art-Net 计算机灯光控制网络协议。两者都基于传输控制协议 / 网际协议（Transmission Control Protocol/Internet Protocol，TCP/IP），是采用以太网协议标准进行数据传输的。网络灯光控制系统实现灯光系统的网络化，在控制系统与被控设备之间实施双向通信，具有简化线路、节省布线和提高数据刷新率的特点。

8.3.3 蓝牙控制系统

蓝牙控制系统是指通过无线蓝牙技术实现对设备的远程控制，其原理在于利用蓝牙通信协议，将控制指令从发送端发送到接收端，通过接收端对设备进行控制。目前大型的灯光品牌都拥有自己的蓝牙或无线控制系统，支持手机端 APP 实时控制，也具有一定的编程和存储能力。如 ARRI 灯光的 Stellar 智能灯光控制应用程序、神牛灯光的 Godox Light 应用程序、南光灯光的 NANLINK 灯光控制程序，如图 8-16 所示。

图 8-16　通过手机 APP 实时控制灯光

8.4 ◀ 虚拟现实灯光连接流程

8.4.1 虚拟灯光与 DMX 控制

（1）激活灯光控台 Art-Net 协议，并将 Universe（域）设置为 1，如图 8-17 所示。因为 UE 中默认起始的 Universe 为 1。

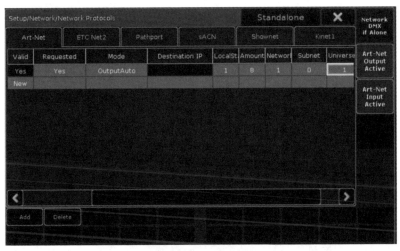

图 8-17　在灯光控台进行设置

（2）设置灯光控台网络控制 IP 地址，并将其添加进网络控制器中，如图 8-18 所示。

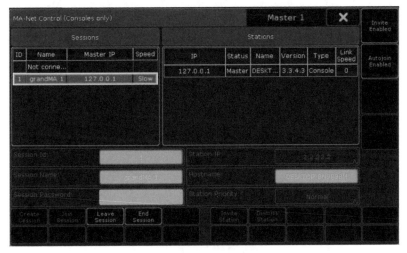

图 8-18　设置灯光控台网址

（3）在 UE 中创建 DMX 项目，添加 DMX Engiee、DMX Fix tures、DMX Pixel Mapping、DMX Protocol 插件，并确保 DMX 插件为开启状态，如图 8-19 所示。

（4）在 UE DMX 插件中设置与灯光控台相应的输入 / 输出 IP 地址，如图 8-20 所示。

（5）为 UE 中的不同灯具设置灯库和 DMX 通道，并将其指派到每一个灯具上，如图 8-21 所示。

（6）如果没有实体灯光控台，采用的是灯光控台在电脑上的模拟器，则需要在本地电脑上创建一个网络环回适配器，并将其 IP 地址改为 2 开头。

图 8-19　UE 中的 DMX 插件

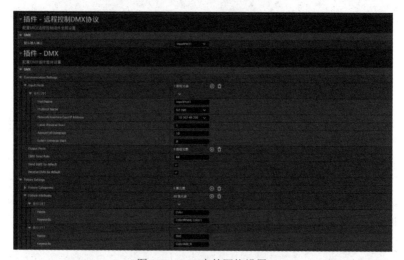

图 8-20　UE 中的网络设置

图 8-21　指派灯具

8.4.2　物理灯光与 DMX 控制

1. 获得或撰写灯库文件

记录灯具通道属性的文件为灯库文件，灯库数据是数字灯控台用来识别和控制灯具的依据。因此需要查阅不同类型灯具的说明书，写出相对应的灯库文件。通常情况下，灯具 DMX 通道表包含着灯具全部通道属性，如图 8-22 所示。

通道	数值	%	功能	备注
CCT & RGBW 8bit　像素 = 1				
1	0~255	0~100	**亮度** 0%~100%	
2	0~255	0~100	色温（2700~12000K）	
3	0~10 11~20 21~119 120~145 146~244 245~255	0~4 5~8 9~47 48~57 58~96 97~100	**红绿平衡** 中性/无效果 −100 绿 −99 ~ −1绿 中性/无效果 +1 ~ +99 绿 +100 绿	
4	0~255	0~100	**交叉变色** 从色温到RGBW	
5	0~255	0~100	红色强度	
6	0~255	0~100	绿色强度	
7	0~255	0~100	蓝色强度	
8	0~255	0~100	白色强度	
简化通道（当"DMX简化通道"设置为开启时，则下面的通道会从通道表中被简化掉。）				
9	0 – 3 4 5 6 7~255	0 – 1.2 1.6 2.0 2.4 2.7 – 100	**闪烁** 关闭 随机快速 随机中速 随机慢速 可变闪烁频率（0.4Hz —> 25Hz）	

图 8-22　某灯具的 DMX 通道表

通过灯具的产品说明书能够获得灯具的 DMX 通道表，如图 8-22 所示，该灯具有 9 个通道，调至简化通道时具有 8 个通道，采用 8 通道模式。第 1 个通道，控制灯具亮度；第 2 个通道，控制灯具色温；第 3 个通道，控制灯具的红绿平衡；第 4 个通道，控制灯具内置的交叉变色效果；第 5 ~ 第 8 个通道，分别控制灯具的红色、绿色、蓝色和白色属性。

按照 DMX 通道表根据不同的灯光控制台撰写相应的灯库。以 MA2 灯光控台为例，可以得到如图 8-23 所示的一个灯库文件。

图 8-23　某灯具在 MA2 灯光控台的灯库文件

2. 用信号线将灯具与控台连接

DMX512 接口有 3 芯卡侬口和 5 芯卡侬口两种标准，一般支持 DMX 标准的灯具都有 2 个 DMX 接口，包括输出口和输入口。通常需要一次性控制多个灯光设备，因此需要灯光控制台。灯光控制台的一个 DMX 输出接口称为一个 DMX 节点。对多灯光设备进行控制时，先用设备 A 连接设备 B，再用设备 B 连接设备 C，这样依次连接，如图 8-24 ～图 8-26 所示。

图 8-24　芯卡侬口

图 8-25　芯卡侬口

图 8-26　信号线在灯具与 GrandMA2 控台的 DMXA 口进行连接

3. 将灯具模式调整为相应模式，并为灯具输入地址码

使用 DMX 灯光设备时，需要在灯具上设置 DMX 起始地址编号，简称地址码。地址码所包含的信息被用于 DMX 信号控制。下面以某种影视 LED 灯具为例，对起始地址码的设置进行介绍。

第一支灯的地址码一般设为 001，第二支灯的地址码是 001 加第一支灯的通道数。比如，第一支灯的通道数为 16，第二支灯的通道数为 20，则第一支灯的地址码为 001，第二支灯的地址码是 017，第三支灯的地址码是 037。

将该灯起始地址码设置为 001，如图 8-27 所示。

图 8-27　在灯具背板屏输入地址码

4. 在灯光控台上进行灯具配接

灯光控台上的地址码需要与灯具地址码相对应，才可形成正确的配接，进行准确的控制。信号线进入控台的 DMX A 口，设置该灯起始地址码为 001，因此在灯光控台上配接该灯为 1.001，如图 8-28 所示。

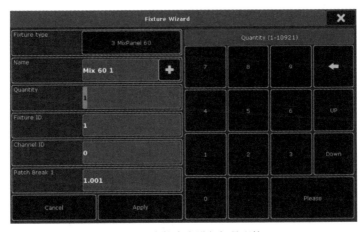

图 8-28　在控台上进行灯具配接

5. 确认灯具与控台准确连接

在灯光控台上编辑灯具的亮度、色温、颜色等属性，观察灯具是否准确、快速响应，如图 8-29、图 8-30 所示。

图 8-29　控制灯具亮度

图 8-30　控制灯具色温

8.5 ◀ 虚拟现实灯光案例分析

在 UE 中，建立一个列车的场景，如图 8-31 所示。根据需要，在 UE 内设置一些虚拟小灯具，来营造夕阳的光效，如图 8-32 所示。可以采用 DMX 插件将虚拟灯具与灯光控台相连，使用灯光控台对虚拟灯具进行控制；由于此案例只涉及对灯光的色温、颜色、亮度属性进行控制和变化，因此虚拟灯具只增加这三种 DMX 通道，控台灯库也只写入 3 个通道。该流程完成后，通过灯光控台，对 UE 内虚拟灯具进行色温、颜色、亮度进行改变，实现灯光控台与 UE 内灯光的连接。

图 8-31　UE 中的列车场景

图 8-32　UE 中设置的虚拟小灯具

在 UE 内通过虚拟灯具营造出列车内的夕阳光效。在现场实拍时，调试好 LED 屏幕的参数后，会将两个人物的造型与 UE 内光效进行匹配，如图 8-33 所示。

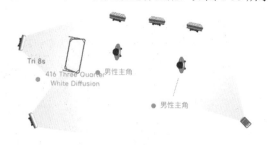

图 8-33　现场实拍的灯光分布

通过 DMX 连接方式将灯具与控台连接，实现灯光控台与物理灯光的连接，能够控制灯具的所有属性。此时已实现通过灯光控台控制 UE 内灯光和物理灯光的效果。将物理灯光放置到合适位置和高度后，接下来通过控台对灯具进行色温、颜色和亮度等属性的调节，将物理灯光与 UE 内虚拟灯光进行匹配，如图 8-34、图 8-35 所示。

图 8-34　通过控台调节灯光至夕阳光效

图 8-35　现场实拍效果（夕阳光效）

在拍摄中，需要实现光线从低色温夕阳光效转变为高色温、青绿色调和白色灯光不断闪烁的变化效果，如图 8-36 所示。

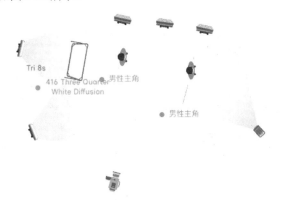

图 8-36　现场灯光设置变化

通过灯光控台，首先将前者夕阳光效状态存储。

其次将 UE 内虚拟灯具调节至合适色温、颜色和亮度。

然后通过灯光控台，将物理灯具调节至合适色温、颜色和亮度，如图 8-37 ～图 8-39 所示。利用灯光控台的编程能力，将其中一盏灯具编程为闪烁效果。

最后将新的冷色光效存储为 CUE2 夕阳光效状态。并为 CUE2 设置 3s 的 FADE，即从夕阳光效转变到冷色闪烁光效状态，在 3s 内完成转变，如图 8-40 所示。

图 8-37　UE 中调节虚拟灯具为**冷色调**

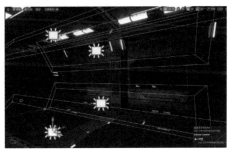

图 8-38　UE 中调节虚拟灯具为**暖色调**

图 8-39 现场实拍效果（青绿色调）

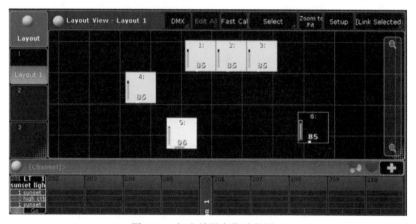

图 8-40 灯光效果变化过程展示

这样就通过数字灯光实现了 UE 内外灯光的实时联动，并且可以重复实现和随时调整，如图 8-41、图 8-42 所示。

图 8-41 现场灯光调控工作

图 8-42 现场灯光控制台

第 3 部分

虚拟制片
技术进阶

第 9 章

动态场景触发

灯光预设

图 9-1　定向光源的可调节参数

无论是对于动态变换的天气还是时间来说，灯光都是彰显视觉效果最重要的因素之一。

定向光源（Directional Light）可以模拟一个无限远的光源发射出光线，在光线传播过程中，没有衰减，并始终保持平行。无论模型在场景中的任何位置，只要被定向光源直射，模型接收的光照亮度与光照角度都是一致的。这种光照效果很接近太阳光，所以一般将定向光源当作太阳光使用。

无论定向光源在地图中的哪一个位置，都不会影响光照的效果。同时对定向光源的缩放也是没有任何意义的。如图 9-1 所示，通过对定向光源的旋转来更改平行光的照射角度，物体的受光也会跟随改变。

如图 9-2 和图 9-3 所示，仅依靠改变定向光的旋转方向，便可以完成一天中不同时间的光线变化转换。

定向光源是能够影响整个场景的全局光源，与之相对应的，点光源、聚光源、矩形光源是只能影响部分区域的灯光。这些灯光是可以有动态变化的，在实践中，一般会通过改变这些灯光的强度或颜色，达成一些特殊效果。如图 9-4 所示，以制作一个在失控的太空舱中不断闪烁的灯光为例（即强度在 0 与其他值之间变换），阐释光照函数材质在灯光的动态变化中的应用。

图 9-2　原始场景

图 9-3　仅调节定向光源后的效果对比

图 9-4　在太空舱中不断闪烁的灯光

如图 9-5 所示。首先需要新建一个材质，并将其材质域改为光照函数。然后编写此函数最核心的节点，即 Time 与变量 Speed。Time 是游戏运行的时间，输出的单位是 s。用这一参数乘上自定义的一元变量 Speed 的数值便可以达成周期性返回的效果。此外，还可以加入纹理，以丰富灯光的闪烁效果，如图 9-6 所示。最后，连接 Desaturation 进行去色处理，再连接三元向量以达成控制颜色的目的。

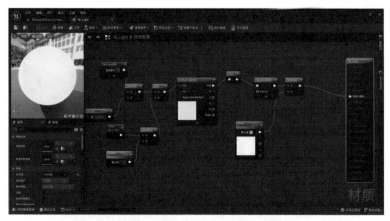

图 9-5　材质节点示意

图 9-6　虚拟制片的实际运用——虚拟场景灯光闪烁与现场现实灯光闪烁同步

9.2 ◀ 可控式动态天气

　　除了 UE 内置的一些天气效果（如天空大气、指数级高度雾、BP_SkySphere），在动态场景中通常会利用一些由专业人员开发完成的动态天气系统解决方案。Ultra_Dynamic_Weather 就是一个相对成熟的可控式天气系统，在 Ultra_Dynamic_Weather 内可以创建体积云、体积雾、程序化的天空盒等。它同时也是逻辑与数据驱动的材质系统，它的整套逻辑由一个 Procedural Skybox 蓝图与一个天气蓝图组成。不过，该系统的性能消耗较高。

　　如图 9-7 所示，该场景的天气系统便是 Ultra_Dynamic_Sky 创建的。

图 9-7　Ultra_Dynamic_Sky 影响下的雨天场景

如图 9-8 所示，为 Ultra_Dynamic_Weather 的可调节参数。

图 9-8　Ultra_Dynamic_Weather 可调节参数

其中，Ultra_Dynamic_Weather 可以调整的天气（即 Weather 下拉列表框）有以下几种，如表 9-1 所示。

表 9-1　Weather 下拉列表框中的天气类型

天 气 类 型		
Clear Skies（晴空万里）	Light Rain（小雨）	Light Snow（小雪）
Partly Cloudy（部分多云）	Rain（下雨）	Snow（下雪）
Cloudy（多云）	Thunderstorm（雷雨）	Blizzard（暴风雪）
Overcast（阴天）	Foggy（雾）	

9.3 ◀ 触发式场景动态

在实时图形渲染引擎中，如何实现自然场景的动态转换是一项具有挑战性的任务。这涉及场景元素的运动、形变和视觉效果的动态变化，以及如何通过用户输入来触发这些变化。为了解决这个问题，可以使用 UE 的动画系统和蓝图系统来构建一个解决方案。以下是该解决方案的详细步骤。

9.3.1 构建场景动画

创建一个描述自然场景动态转换的动画，可以通过 UE 的内建动画系统来实现，如 matinee 或 sequencer。在这个动画中，可以定义场景元素的运动路径、形变过程和其他视觉效果。这个动画将作为自然场景动态转换的基础。

9.3.2 创建蓝图类

如图 9-9 所示，创建一个新的蓝图类（blueprint class），这个蓝图类将用于处理用户的键盘输入事件，并根据这些事件来触发场景动画。这个蓝图类将作为自然场景动态转换的控制中心。

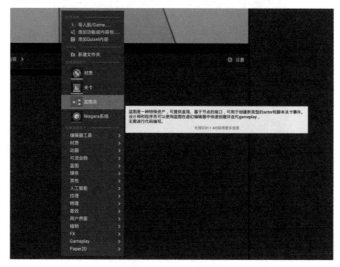

图 9-9　创建蓝图类

9.3.3 使用蓝图编辑器

如图 9-10 所示，需要在 UE 中选择创建的蓝图类，并使用蓝图编辑器进行编辑。蓝图编辑器提供了一种可视化的方式来设计和编程，可以更直观地理解和控制自然场景的动态转换过程。

图 9-10　蓝图编辑器

9.3.4　添加键盘输入事件

如图 9-11 所示，在蓝图编辑器的"事件图表"（event graph）中，需要添加一个键盘输入事件。这个事件可以监听特定的键盘按键，如 E 键。当用户按下这个按键时，键盘输入事件将被触发，从而启动自然场景的动态转换。

图 9-11　键盘输入事件

9.3.5　添加场景动画节点

如图 9-12 所示，需要在蓝图节点面板中搜索并添加与场景动画系统相对应的节点。例如，如果使用的是 matinee 系统，那么需要添加 matinee play 节点。这个节点将用于执行场景动画。

图 9-12　场景动画节点

9.3.6　连接节点

如图 9-13 所示，需要将键盘输入事件的输出连接到场景动画节点的输入。这样，当键盘输入事件被触发时，场景动画节点将被执行，从而启动自然场景的动态转换。

图 9-13　连接节点

9.3.7　配置场景动画节点

如图 9-14 所示，需要在"详细信息"（details）面板中配置场景动画节点的属性。这些属性可能包括动画的名称、播放速度、循环选项等。这些设置将影响到自然场景动态转换的表现。

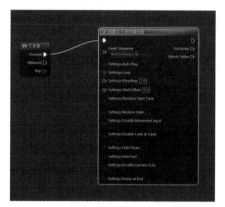

图 9-14　配置场景动画节点

9.3.8　设置键盘输入事件

如图 9-15 所示，在"事件图表"中，需要添加一个键盘输入事件。这个事件可以监听特定的键盘按键。当用户按下这个按键时，键盘输入事件将被触发。

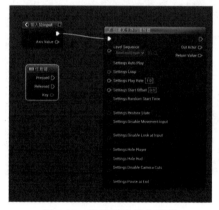

图 9-15　设置键盘输入事件

9.3.9　触发场景动画

在键盘输入事件的执行路径上，需要添加一个节点来触发场景动画。这个节点可以是播放 Matinee 或 Sequencer 动画的节点，或者是执行自定义的蓝图逻辑。这样，当用户按下特定键时，相应的场景动画将被播放，从而实现自然场景的动态转换。

9.3.10　测试场景动画

最后，需要保存并运行场景，以测试自然场景动态转换是否正常工作。当用户按下指定键时，键盘输入事件会触发，相应的场景动画会播放。

总而言之，这个解决方案利用了 UE 的动画系统和蓝图系统，通过键盘输入事件触发自然场景的动态转换。虽然这个过程需要精确的事件处理和动画控制，但它提供了一种有效的方法来实现自然场景的动态转换。此外，这个解决方案具有高度的可定制性和扩展性，可以根据具体的需求进行调整和优化。这为实时图形渲染引擎中的自然场景动态转换提供了一种实用的方法。

9.4 ◀ 自然场景动态转换

9.4.1 时间转换

在这里，将以实现动态的昼夜更替为例，介绍如何利用 DirectionalLight 和 bp_sky_sphere 的联动，实现场景的时间转换。

如图 9-16 所示，在场景中置入 DirectionalLight 及 BP_Sky_Sphere，其中，BP_Sky_Sphere 是在引擎中内置的天空球蓝图资产，需要在引擎中搜索并置入场景。

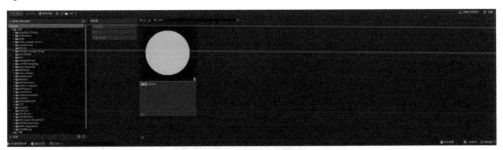

图 9-16　BP_Sky_Sphere 是内置在引擎内容的一个蓝图资产

如图 9-17 所示，将天空球与定向光联动起来，在 Directional Light Actor 中选择 DirectionalLight 命令。

图 9-17　天空球的可调节参数

需要通过改变定向光的 Y 轴方向，联动 BP_Sky_Sphere 完成时间的转换。可以再将 DirectionalLight 添加进 Sequencer，并通过关键帧改变定向光的方向实现这一效果。另外，也可以在关卡蓝图中实现一个更加自动的昼夜转换效果。

如图 9-18 所示，可以在上方的蓝图选项栏中选择"打开关卡蓝图"命令。

图 9-18　关卡蓝图的打开位置

如图 9-19 所示，调用现有的 Tick 事件，因为天气在每帧都在不断刷新。

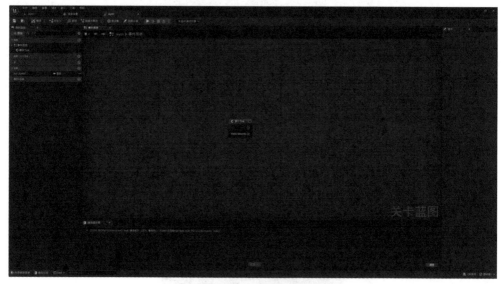

图 9-19　Tick 事件是默认被创建在关卡蓝图中的

如图 9-20 与图 9-21 所示，回到大纲中选择 DirectionalLight 命令，再在关卡蓝图中创建对定向光源的引用。

图 9-20　在大纲中搜索定向光并点选

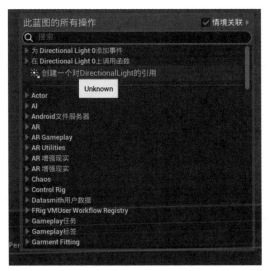

图 9-21　在关卡蓝图中右击创建引用

　　如图 9-22 所示，编写对定向光源旋转角度控制的程序。需要选择"添加 Actor 世界旋转"命令，并分割其的结构体引脚（见图 9-23），因为只需要改变其 Y 轴的旋转方向即可。如图 9-24 所示，应在左侧变量区域添加一个浮点型变量，单击"编译"按钮后，在右侧变量的细节区域，给定一个默认值。之后将函数与变量之间的节点连接上。

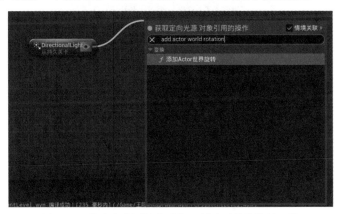

图 9-22　从定向光源拉出引脚，创建对其的旋转函数

图 9-23　将一个向量分割成三个浮点型变量

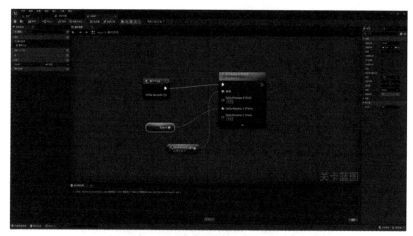

图 9-24　连接各节点

最后，只需要在事件 Tick 下不断地更新 BP_Sky_Sphere（见图 9-25）。回到大纲视图中选择 BP_Sky_Sphere，在关卡蓝图中创建对其的引用，再从 BP_Sky_Sphere 这一对象的引脚中调用 update sun direction 函数（见图 9-26），再连接与上一个函数的节点即可（见图 9-27）。

图 9-25　在关卡蓝图中创建对 BP_Sky_Sphere 的引用

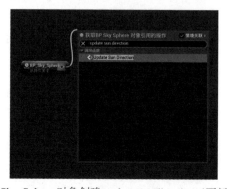

图 9-26　用 BP_Sky_Sphere 对象创建 update sun direction（更新太阳高度）函数

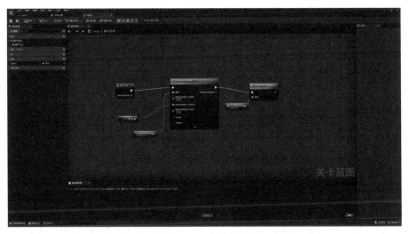

图 9-27　连接节点

如此，便能够在激活该关卡时，自动地进行时间的变换，如图 9-28、图 9-29 所示。

图 9-28　在中午时的场景

图 9-29　在晚上时的场景

9.4.2　天气转换

实现动态的天气转换，仍然需要用到 Ultra_Dynamic_Sky 这一制作完备的天气系统。如何置入该资产及其基本参数见 9.2 节可控式动态天气。

同样在场景中进行时间的转换设置，天气转换需要在关卡蓝图中通过程序来实现这一操作。

如图 9-30 所示，在大纲中选择 Ultra_DynarUltra_Dynamic_Weather_c。

如图 9-31 所示，回到关卡蓝图中创建对该天气系统的引用。

图 9-30　在大纲中搜索 Ultra Dynamic Weather 并选择　　图 9-31　回到关卡蓝图中创建该引用

接下来，用具体的按键事件（any key event）来触发天气的变换，也可以直接在事件开始运行的时候调用改变天气的函数。以事件开始运行为例。如图 9-32 所示，从 Ultra_Dynamic_Weather 的引脚中选择 Change Weather 命令。

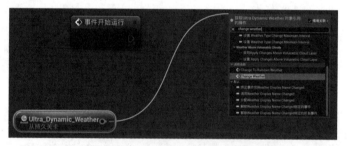

图 9-32　从 Ultra_Dynamic_Weather 这个对象调用改变天气函数

如图 9-33 所示，连接与事件的引脚，并选择需要调用的天气资产。

图 9-33　选择天气资产

同时，还可以通过修改 Time to Transition to New Weather(Seconds) 的值来调节两种天气之间的过渡时间，如图 9-34 所示。

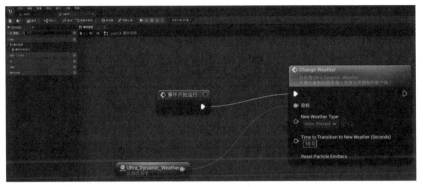

图 9-34　连接所有引脚

如图 9-35、图 9-36 所示，为从晴天动态变换到雪天。

图 9-35　晴天场景

图 9-36　雪天场景

9.5 ◀ 场景氛围感构建

9.5.1 后处理材质与后处理体积

后处理效果是在渲染之前应用于整个渲染场景的效果，能够使设计师在颜色、色调映射、光照属性等功能中进行组合选择，进而达成某种特定的效果。

后处理体积（Post Process Volume）是访问这些功能的一种特殊类型的体积。

如图9-37所示，在Actor面板中找到PostProcessVolume命令，并将其添加到场景之后。

在其细节版面选择后处理体积的应用范围。可以勾选"无限范围（未限定）"复选框使此体积影响整个关卡场景（见图9-38），也可以不勾选，以影响特定区域。当多个体积发生重叠时，还可以控制每个后处理体积的混合权重来控制它的优先级。

图 9-37　添加后处理体积的位置

图 9-38　搜索并勾选无限范围

如图9-39所示，后处理体积可以调节的参数有lens（镜头），lens分为mobile depth of field（移动平台景深）、bloom（泛光）、exposure（自动曝光）、chromatic aberration（色差）、dirt Mask（脏迹蒙版）、camera（相机）、lens flares（镜头光晕）、image effects（图片效果）、depth of field（景深）。一般是在搭建场景的初期和末期用于决定画面的主要基调和光照效果。

后处理材质（post processing materials）是后处理体积的材质，可以用于创建破坏的视觉屏幕效果和区域类型效果及一些特殊效果。后处理材质可以理解为一种场景滤镜的预设，只应用于特定的后处理体积中，允许用户通过混合、创建等。值得一提的是，如果创建的最终需要的效果能够靠后处理体积达成，则尽量不要使用后处理材质，否则将影响最后的优化效果和渲染速度。

如图9-40和图9-41所示分别为开启后处理体积与关闭后处理体积的场景效果（区别主要体现在曝光与色彩上）。

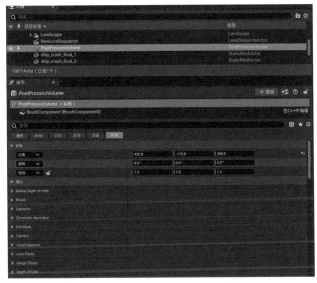

图 9-39 后处理体积的几大参数板块

图 9-40 开启后处理体积的场景效果

图 9-41 关闭后处理体积的场景效果

9.5.2 体积雾

UE 自带两种雾气——大气雾和指数级高度雾（Exponential Height Fog）。

大气雾指靠近天空的雾气，而指数级高度雾则指靠近地面的雾气。指数级高度雾既不具备实际的物理特性，也不是基于物理进行渲染的。指数级高度雾可以让场景更加逼真，增强其氛围感，同时指数级高度雾的性能消耗较小。

首先，在场景中置入体积雾。如图 9-42 所示，单击"快速添加到项目"→"视觉效果"→"指数级高度雾"命令。

图 9-42　添加指数级高度雾的位置

高度雾（Altitude Fog）是一种气象现象，通常发生在高山地区，通常来说，随着高度的上升，雾气的密度会随之减淡。

UE 中的指数级高度雾，模拟的就是这样一种自然现象。

指数级高度雾常用参数设定如图 9-43 所示，参数说明如表 9-2 所示。

图 9-43　指数级高度雾的常用参数

表 9-2　指数级高度雾常用参数及其说明

参 数 名 称	说　明
雾密度	不同数值差异明显，调整雾气的浓度
雾高度衰减	调整雾气高度
雾内散射颜色	雾气的颜色
雾最大不透明度	距离上的雾气透明度
起始距离和零切断距离	以摄像机视口为中心，雾气在圆环中能够被看到，起始距离为内环半径，零切断距离为外环半径，只有处在阈值范围，也就是两个圆环内的空间才有雾气效果

在指数级高度雾中，如图 9-44 所示，可以通过勾选"体积雾"复选框，并将灯光分散系数（Volumetric Scattering Instance）给到足够高，此时的灯光便会有自然的体积光效果，如图 9-45、图 9-46 所示。

图 9-44　营造体积光氛围需要开启体积雾

图 9-45　体积光示例 1- 数字王阳明

图 9-46　体积光示例 2-NO MORE TOUCH

指数级高度雾常被用作营造场景的氛围感（见图 9-47 和图 9-48 为开启指数级高度雾效果与关闭指数级高度雾效果的区别）。

图 9-47　开启指数级高度雾的场景

图 9-48　关闭指数级高度雾效果的场景

9.5.3　体积云

体积云组件是基于物理的云渲染系统。可以在 UE 中通过其自带的体积云组件创建任意类型的云。

体积云组件往往与定向光（Directional Light）、天空大气组件（Sky Atmosphere）、天空光照（Sky Light）相配合补充。

如图 9-49 所示，在场景中置入"体积云"。

图 9-49　在添加 Actor 面板加入体积云

选择"快速添加到项目"→"视觉效果"→"体积云"命令。体积云常用参数设置如图 9-50 所示。

图 9-50　体积云的各项可调节参数

Volumetric Cloud Actor 可以控制体积云渲染的 4 个属性,它们决定了体积云渲染的云层范围和追踪距离,如表 9-3 所示。

表 9-3　体积云渲染的 4 个属性及其说明

属　　性	说　　明
Layer Bottom Altitude(云层底高度)	云层底部的海拔高度,以距离地面的千米数(km)表示
Layer Height(云层顶高度)	云层顶部的海拔高度,以距离地面的千米数(km)表示
Tracing Start Max Distance(追踪起始最大距离)	体积表面的最大距离,在此距离之前将接受开始追踪操作。单位为 km
Tracing Max Distance(追踪最大距离)	云层内部可追踪的最大距离。单位为 km

云的形状是通过材质控制的,选择 Volumetric Cloud Actor → Details → Cloud Material 命令,可以指定体积云材质。

体积云系统通过 Cloud Layer 控制云层生成的高度和范围,但并不支持同时使用多个 VolumeticCloud 组件,因此绘制不同高度的云层成为一件比较麻烦的事情。

如图 9-51 和图 9-52 所示,为场景开启体积云与关闭体积云的区别。

图 9-51　开启体积云的场景

图 9-52　关闭体积云的场景

10.1 ◀ 常用系统简介

10.1.1 disguise

disguise 是一款实时 3D 可视化软件，基于高性能硬件运行。这款软件的 XR 工作流程使用户的沉浸式视觉体验更加生动。disguise 标志如图 10-1 所示。

ⅱ· disguise

图 10-1　disguise 标志

disguise 集合了实时的 3D 场景可视化工具、媒体播放和时间线功能。在进行场景建模时，可从任何角度进行及时查看场景模型，然后将视频或静态内容录到时间线上，再将其在场景中进行播放，此过程无须耗时的重新渲染。因此，在项目的早期阶段，它是一个非常有用的交互工具。通过它对拟议的设计方案进行实时模拟，比传统的渲染更快、更便宜、更有效。在前期制作阶段，它允许设计师、客户和美工快速实现内容可视化并做出艺术决策，而不需要真正搭建舞台。disguise 的 XR 技术可以与 LED、实时内容和摄像机跟踪技术集成，以驱动生产环境。这种技术允许将虚拟和物理世界混合在一起，使用增强现实（AR）和混合现实（MR）在现场生产环境中创造全面沉浸式的体验。这种技术已经在娱乐和教育领域找到了应用，如图 10-2 所示。

此外，disguise 的 XR 技术还具有其他优势。例如，它可以超越绿屏，捕捉真实的照明、反射和阴影。此外，这个系统可以在一个舞台上拍摄多个地点。

disguise 生态系统

disguise 生态系统经过二十多年的发展，已经成为一个独特的系统设置，在共同工作的情况下，能够可靠、灵活、轻松地提供无限扩展的实时内容。

生态系统概览

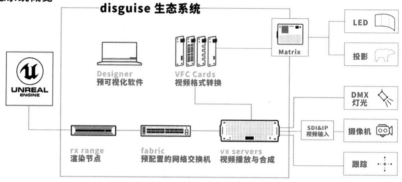

图 10-2　disguise 生态系统

　　总而言之，disguise 提供了一个全面集成的生态系统，包括硬件、软件、基础设施、培训、社区和支持。它是 XR 技术的中心，通过连接虚拟世界和物理世界使虚拟世界和现实交融。无论是设计师、制片人还是艺术家，都可以利用 disguise 的 XR 技术来设计无限制的体验，并将内容无缝地呈现在多个显示表面上，如图 10-3 所示。

disguise 生态系统的五大优势

赋予可扩展的集群渲染能力
连接多个渲染节点以实现渲染性能近乎线性的扩展。

支持备份处理能力
RenderStream 允许添加备份处理和设置故障转移规则如果一个服务器或节点发生故障，RenderStream 会将处理工作转移到下一个节点——创建一个不会失败的可靠系统。

即时修改
RenderStream 的双向连接允许技术和创意团队动态地改变内容。例如，他们可以改变在内容引擎中渲染的场景，将变化发布到时间线上，或者移动场景中的一个元素，然后反映到内容引擎中。

以最大网络速度传递和编排内容
vx 系列增强的网络能力与 fabric（我们的高带宽网络交换机）一起，允许高质量的 4K 内容，从渲染节点渲染出来，并以最高的帧率准确播放。

以最大限度提高输出质量
集群渲染的挑战在于优化整个集群的处理能力。disguise 的 RenderStream 基础设施会在各节点之间自动分配工作，这样就可以专注于制作最令人惊叹的场景。

图 10-3　disguise 生态系统优势

10.1.2　Zero Density

　　Zero Density 是一家致力于为广播电视、增强现实、现场活动和电子体育行业开发创意产品的国际科技公司。Zero Density 标志如图 10-4 所示。

图 10-4　Zero Density 标志

Zero Density 借助其 Reality Engine 为数百万的观众提供了震撼人心的独特直播体验。该引擎是一款基于 UE 打造的虚拟工作室和增强现实解决方案，拥有照片级的真实度。Zero Density 的技术创新核心是其领先的基于节点的实时合成工具，以及其专有的键控技术——Reality Keyer，如图 10-5 所示。

图 10-5　TFO 的儿童表演由三个 Reality Engine 和 Reality Keyer 驱动

Reality Engine 旨在与各行业中的跟踪技术配合使用。Zero Density 可以从大多数主要解决方案中提取跟踪数据。此外，它还可以提取程序提供的镜头数据。如果没有可用的镜头数据，软件会从最后一次校准的变焦和聚焦数据入手，然后估算出镜头曲率和其他属性，如视野。

Reality Engine 是一款功能强大、可靠耐用的高端解决方案，Zero Density 不仅提供了主要系统，还提供了必要的自动化、监控和控制接口。该系统经设计可在多个 UE 实例上运行，并且这些实例都被视作同一个实例进行控制和管理，如图 10-6 所示。例如，土耳其艺术文化频道 TRT2 借助其虚拟演播室播放了 7 个不同的节目，而这些节目仅由 3 个 reality engine 实例控制。

图 10-6　Zero Density 系统现场演示

在不断向虚拟制片靠拢的同时，Zero Density 还展示了对直播有严格要求的广播行业工作流程如何为各类节目提供高价值工具，并为要求日益严格的现场直播提供复杂的视觉效果。

10.1.3　Aximmetry

Aximmetry 是一款专业级的虚拟现实软件，旨在为用户提供最出色的虚拟现实体验。通过强大的功能和直观的界面，帮助用户创建令人惊叹的虚拟现实视觉效果，并将其应用于各种领域，如媒体、广告、教育和娱乐等。Aximmetry 标志如图 10-7 所示。

Aximmetry

图 10-7　Aximmetry 标志

Aximmetry 拥有高度灵活和自定义化的功能，使用户能够根据自己的需求创建独一无二的虚拟现实体验，如图 10-8 所示。无论是设计精美的虚拟场景，还是逼真的特效，Aximmetry 都能提供出色的效果。

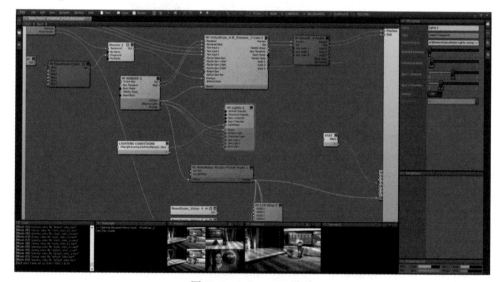

图 10-8　Aximmetry 界面

Aximmetry 提供了强大的交互功能，使用户能够轻松地与虚拟场景进行互动。用户可以使用手势、控制器等设备与虚拟现实进行实时互动，创造出更加身临其境的体验。

Aximmetry 还具有多平台兼容性，用户可以将其应用于不同的硬件设备上，如 PC、VR 头盔等。这意味着无论是在工作室还是在户外场地，用户都能轻松地使用 Aximmetry 创建和展示虚拟现实内容。

Aximmetry 的多功能性促使它在各个领域都有广泛的应用。在媒体行业，Aximmetry 可以用于制作令人惊叹的电影特效和虚拟现实体验，为观众带来全新的视觉享受，如图 10-9 所示。

在广告领域，Aximmetry 可以帮助广告主创造吸引人的广告宣传片，通过虚拟现实的方式吸引更多的用户关注；在教育领域，Aximmetry 可以创造出逼真的虚拟现实场景，帮助学生更好地理解和记忆知识。

图 10-9 Aximmetry 材质

Aximmetry 还可以应用于娱乐行业，为游戏开发者提供强大的工具和资源，创造出更加引人入胜的游戏体验。

10.1.4 UE Composure 插件

Composure 是 UE 提供的一款图形工具插件，它添加了一组新工具以便大幅简化合成工作。合成是指将来自不同来源的视觉元素合并到一个图像的操作。在视觉效果行业中，合成单个帧通常是线下流程，需要一些时间。通过在 UE 中内置合成，用户可以轻松地实现实时可视化绿幕场景与 CG。这对于可视化预览尤其有用，这让导演可以大概了解最终场景的效果，或者供线下合成师用作参考。合成将在编辑器中和游戏中运行。

Composure 还具有以下优势。

（1）实时处理。与大多数其他合成程序不同，Composure 的所有处理都是实时进行的。这意味着可以立即看到渲染后的最终效果，无须等待渲染过程完成。这对于需要快速反馈和迭代的项目来说非常有价值。

（2）模块化构建。鉴于合成管道的需求的多变性，Composure 采用了非常模块化的构建方式。这意味着可以根据项目的具体需求来定制和优化合成流程。

（3）预可视化。通过在 UE 中内置合成，用户可以轻松地实时可视化绿幕场景与 CG。这对于可视化预览尤其有用，导演可以借此大概了解最终场景的效果，或者供线下合成师用作参考。这也意味着在制作过程中，可以更早地看到最终效果，从而做出更好的决策。

（4）灵活性。Composure 插件提供了一种将视觉元素从不同源（如计算机生成或现实源）合并到一个无缝混合图像的方法。这为创造复杂和逼真的场景提供了可能性。

（5）易用性。Composure 插件提供了一种简单易用的方式来创建和管理复杂的合成管道。例如，它提供了一个直观的用户界面来管理和调整合成元素和通道。这让即使是没有深厚技术背景的人也能够使用和理解它。

10.2 ◀ 传统绿幕式场景融合方案

10.2.1 实时绿幕抠像合成

实时绿幕抠像合成技术目前越来越完善，应用场景也在不断地扩展。其优点是不受场地环境限制、不受地点限制，只需要一张绿幕，一套摄影设备及相应的主机设备即可完成复杂且快速的实时互动环节，让导演和演员能够通过直观的画面明白自己在虚拟环境中所处的位置，以此来调整演员自身动作，如图 10-10 所示。

图 10-10　实时绿幕抠像合成现场示意

接下来将从传统绿幕拍摄的流程方案讲解一下如何使用绿幕抠像合成技术。

1. 绿幕设置

首先，需要一张较大的绿幕，作为能够覆盖演员活动范围的背景。其次，绿幕要求平整且没有褶皱。在材质方面，要求绿幕最好为粗糙且吸光性较强的材质，多为哑光质感，能够有效地避免现场高光在绿幕上的反光。绿幕颜色也应选用偏深一点的绿色，配合现场灯光，平衡绿色的颜色，使其适中，如图 10-11 所示。

图 10-11　绿幕拍摄现场示意

2. 灯光设置

对于现场灯光，需要灯光先把整体绿幕环境照亮，要求光区均匀，不能在绿幕上呈现出明显的光区分布，如图 10-12 所示。在亮度方面，要求绿幕环境在摄影机画面呈现中既没有出现过曝的偏白区域，也没有出现欠曝的偏暗区域。

此外，还需要根据导演的设计及演员自身条件进行人物光的塑造，人物光的塑造要尽量避免影响绿幕环境光，要控制不必要阴影的产生，如图 10-13 所示。

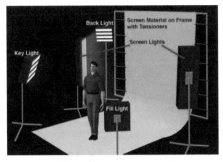 

图 10-12　绿幕布光示意　　　　　　图 10-13　绿幕布光阴影问题示意

3. 摄影机设置

对于摄影机的要求是，在较小的场地尽可能地避免摄影机出现在灯光之前，以防止摄影机的阴影出现在绿幕区域。同时摄影机需要能够记录自身数据，并通过 SDI 等数据传输方式将其传输给服务器及切换台（见图 10-14），以便服务器能够实时渲染场景，切换台可以进行预调色，并最终返送给现场监看画面。

图 10-14　多路数据通过 SDI 信号线等方式从摄影机传输到服务器

4. 现场制作切换台

现场制作切换台（见图 10-15）的作用是收集各路输入信号，在切换台内部进行切换视频源及预合成等操作。将摄影机输出的 SDI 视频流接入切换台，通过切换台前面板或者计算机端的控制，将静态背景或者动态视频导入切换台，并且提前预设好各路镜头的背景，最后从切换台的输出端传输给现场监视器。

切换台可以接入多路 SDI 信号，配合自带软件可以进行上、下游的键控，上游键控可以进行快速抠像、抑制溢色及光斑、对前景初步调色等操作，下游键控可以将各类图标、徽标等带有 alpha 通道的素材添加到最终画面中。

5. 背景素材

背景素材通常分为预制作完成的及需要现场实时反馈（见图 10-16）的两种类型。预制作完成的素材通常为图片或者视频，可以提前存储进入切换台，并预设

图 10-15　现场制作切换台

好各个素材对应的数据源头，尽可能地降低外部影响。对于需要现场实时反馈的素材，一方面通过 SDI 数据传输的方式，将视频信号接入切换台，另一方面通过 SDI 数据传输的方式将摄影机相关的位置信息等传输给服务器。在服务器中，将接收到的摄影机位置信息同步给制作软件，然后将实时反馈的背景素材通过采集卡传回给切换台，最终反馈到监看画面。

图 10-16　虚幻引擎实时反馈背景素材

6. 素材管理

对于传统绿幕实时抠像合成的素材来说，通常有两种处理方式。

（1）如果绿幕质量够高，在预抠像阶段已经能够达到最终要求的标准，则可以直接记录最终合成后的画面，同时备份相对应的绿幕素材，如图 10-17 所示。

（2）如果现场预抠像后，依然有不符合标准的画面问题，则需要将拍摄的素材存储下来，以方便后期统一调整制作，如图 10-18 所示，根据每一路信号进行分类管理，同一信号进行批量处理。在此之后就可以转向非实时绿幕抠像合成阶段了。

图 10-17　现场绿幕素材　　　　图 10-18　后期重新处理可替换背景

综上所述，实时绿幕抠像合成技术，在前期的活动筹备中，有着得天独厚的优势，可以尽可能地将虚实场景快速地结合，并反馈给现场，供导演及演员调整。该技术也存在一些劣势，如非常考验绿幕质量，精度可能达不到最终的要求，现场灯光要求较高，对于服务器的数据处理能力也有一定的要求。

10.2.2　非实时绿幕抠像合成

非实时绿幕抠像合成在大部分影视制作流程中不可或缺，它是通过前期拍摄的绿幕素材，再根据摄影机要求，虚拟场景制作渲染之后，将虚拟场景和实拍素材进行合成的环节。其优点是后期发挥空间较大，可以尽可能地满足创作者的需求。

非实时绿幕抠像合成可以使用的软件，通常根据项目的需求进行选择，——The Foundry 公司旗下的 Nuke 就是一款较为常用的非实时绿幕抠像合成软件。

Nuke 作为一个节点制作类的软件，每一个节点都有其主要的功能，但是大部分的节点都有其独特的功能，如表 10-1 所示。

表 10-1　Nuke 功能说明列表

节 点 名 称	功　　能
Primatte	可以更好地获得边缘
Keyer	在亮度信息比较突出和背景干净时更为方便
Keylight、IBK	对于头发丝等细节的保留更到位

因此，结合不同节点的不同功能，在针对不同素材，处理不同区域时，要尽量去寻找最合适的节点来处理。

通常处理绿幕素材的思路如表 10-2 所示。

表 10-2　绿幕素材常见处理思路说明列表

处理思路	具体说明
分析素材	先检查素材有没有需要注意的问题，其次要思考通过何种方式去进行抠像，是否需要划分区域去进行处理
降噪	因为摄影拍摄会产生一定噪点，在后期进行抠像处理时，首先应该先进行降噪处理，这样可以保证在接下来的抠像环节中，抠像边缘不会有剧烈的变化
测试抠像节点	根据分析素材的思考，先选用合适的节点进行整体的抠像，查看是否可以完成大部分的工作，有没有需要注意的区域要进行单独处理
完成初级抠像	必要时刻进行分区域的调整，绘制垃圾遮罩及保护遮罩对素材进行分区处理
处理边缘细节	对于边缘的细节，通常采用更为细致的方式来进行处理，例如，单独绘制区域，通过独立的 Keylight、IBK 等对边缘进行处理，在处理之后通常进行收边，模糊边缘等方式，将边缘和背景的交界处理的更加柔和
完成色彩匹配	因为合成的背景和拍摄的背景颜色空间上不一定是相同的，因此在合成阶段，也要对合成内容进行一定的调色，使其匹配拍摄素材。并且对于抠像素材，也要进行溢色处理，将现场拍摄中的过多呈现在内容主体上的绿色去除

1. 抠像工作

以 Keylight 节点抠像为例，Keylight 是一个工业标准的颜色差异抠像器，使用

ScreenColor 选择器从 Source 输入端选择一种颜色作为绿幕的颜色，从 View 下拉菜单中选择输出结果。要移除前景物体上的溢色，也可以通过 Keylight 进行绿色去除后，保留亮度信息，并和扣像后素材进行叠加，以此来去除溢色，同时保证镜头颜色正确。

接下来使用 Keylight 节点进行案例演示。

图 10-19 所示是绿幕素材前景，要与（见图 10-20）图中的背景进行合成。

图 10-19　绿幕素材

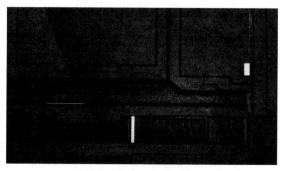

图 10-20　合成背景

（1）启动 Nuke，导入绿幕素材。先选择绿幕素材所对应的色彩空间，对其进行色彩还原，如图 10-21 所示。在前期拍摄时使用的是 Sony Fx9 电影机，设置的是 Slog2 的色彩空间，因此需要对素材进行色彩还原。双击素材，在 Input Transform 下拉列表框中选择 Input-Sony-S-Log2-S-G 命令，以此得到正确的颜色监看，这对后面进行虚实场景的色彩融合有着至关重要的作用。

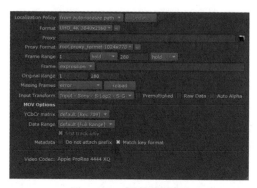

图 10-21　素材设置界面

（2）打开 Nuke 工程设置，如图 10-22 所示。按照素材设置工程的各项参数，如分辨率、帧率、时间范围等。

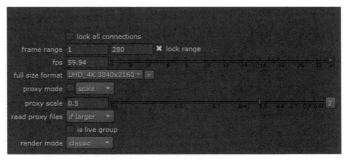

图 10-22　工程设置界面

（3）对绿幕素材进行降噪处理，如图 10-23、图 10-24 所示。这里使用 Reduce Noise 节点。

图 10-23　降噪前　　　　　　　　图 10-24　降噪后

（4）从 Keyer 菜单中选择 Keylight 命令，如图 10-25 所示，并连接到降噪节点。随后选择 Viewer 命令，进行监看，如图 10-26 所示。

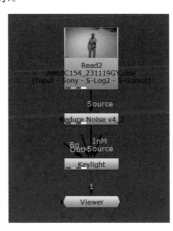

图 10-25　Keyer 菜单　　　　　图 10-26　降噪节点连接示意

（5）单击 Screen Color 旁的取色器，激活滴管图标。在视窗中，在如图 10-27 所示的绿色像素区域，按 Ctrl+Shift+Alt 组合键并单击或者拖动矩形框。识别屏幕颜色，并设置 Screen Color。这是扣像的第一步，Keylight 会使用选中像素的平均值作为屏幕颜色。

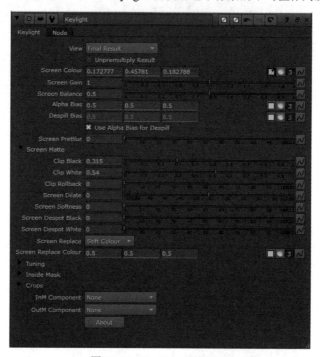

图 10-27　Keylight 节点界面

（6）原始素材如图 10-28 所示，在对其进行完 Keylight 节点的初级抠像后，要监看抠像节点后的 alpha 通道，如图 10-29 所示，判断素材各区域是否能够较好地完成抠像。着重注意部分区域的 alpha，如头发、运动模糊、虚焦及较细的连接物等。这些区域往往需要多次细致的抠像组合来达到抠像的最终质量。在抠像的过程中，要时刻对素材的 alpha 通道进行监看。

图 10-28　原始绿幕素材

图 10-29　抠像后的 alpha 通道

2. 合成工作

完成绿幕抠像后，接下来要进行合成工作。将提前反求解算好的摄影机导入到 UE 中，然后渲染出相匹配的虚拟场景，将渲染好的虚拟场景导入到 Nuke 中，进行虚实场景的融合。在融合时要注意几个方面，如表 10-3 所示。

表 10-3 虚实场景融合的注意事项列表

注意事项	说明
颜色匹配	在经过溢色处理后，原视频素材可能会有轻微的偏色，同时因为色彩空间的不同，要对背景素材和视频素材进行颜色的匹配
边缘融合	在虚实场景融合中，经常会发现视频素材的边缘没有很好地融入背景中，应当及时结合背景素材对前面的边缘处理节点进行调整
镜头畸变校正	在进行虚实场景的融合时，应当注意镜头的畸变。在最后的输出环节，要及时复原镜头畸变，或使虚实场景两者的畸变相同
噪点恢复	因为虚拟场景的输出，通常会采用更高的采样来降低输出时的噪点，但在进行合成环节，应当对噪点进行复原，还原拍摄时产生的噪点，以此来跟其他非特效镜头进行匹配

合成流程具体如下。

（1）导入素材，并更改导入素材的色彩空间，如图 10-30 所示。

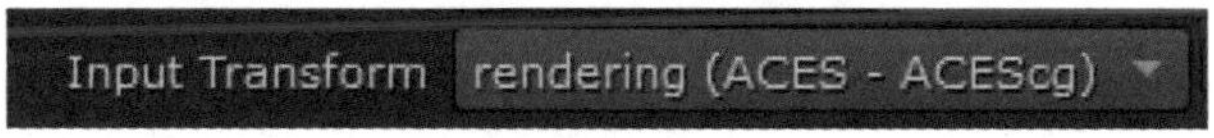

Input Transform
rendering (ACES - ACEScg)

图 10-30 色彩空间选择

（2）如果渲染素材与原素材分辨率不一致，则需要添加 Reformat 节点进行素材大小的统一，如图 10-31 所示。

（3）合成后会发现颜色可能不匹配，添加调色节点进行初步调色，使背景素材颜色更为接近实拍素材，如图 10-31 所示。

（4）观察边缘，如图 10-32 所示，是否柔和得过度，当遇到影子、大光圈焦散及强光影响等情况时，应当返回抠像节点，再去除在溢色的环节中，通过抠像节点中的边缘添加背景融合的节点，使绿幕素材的边缘提前与背景素材相融合。

Read3
BG.png
ring (ACES - AC
Reformat1
Grade1

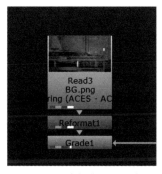

图 10-31 背景素材大小及颜色调整

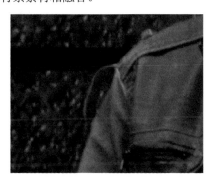

图 10-32 抠像处理边缘截图

（5）提取原素材噪点及镜头畸变，并在最后重新添加噪点和镜头畸变，如图 10-33 所示。

图 10-33　F_ReGrain 噪点界面

（6）导出时要注意导出的色彩空间应该与原素材色彩空间一致，同时选择合适的帧率及对应格式的编码，如图 10-34 所示。

图 10-34　导出界面

非实时绿幕抠像合成的优势在于能够在后期进行较大空间的艺术创作，同时进行更为精细的调整。但是不足在于，通常花费的时间较长，对于导演和演员来说，不能实时反馈，容易产生偏差。

10.3 ◀ LED 拍摄方式场景融合方案

LED 拍摄方式有着其独特的优势。

（1）逼真的视觉效果。LED 虚拟制片技术能够实时渲染出逼真的虚拟场景，与实际场景相结合，为观众带来极具真实感的视觉体验。

（2）灵活的拍摄方式。LED 虚拟制片技术允许在虚拟场景中进行拍摄，无须考虑实际场景的限制。这为制作人员提供了更大的创作空间，可以根据需要随时调整场景和效果。

（3）高效的制作过程。由于 LED 虚拟制片技术简化了场景搭建等烦琐的过程，因此能够大大缩短制作周期，降低制作成本。

（4）精确的拍摄控制。通过实时监控拍摄画面，制作人员可以更加精确地控制拍摄过程。这有助于提高拍摄成功率，减少后期制作的成本和时间。

LED 拍摄方式是一种在实时拍摄中直接拍摄实时视效的技术，如图 10-35 所示。此技术依靠 LED 光照、实时摄像机追踪和实时渲染离轴投影这三者的结合，实现前台演员和虚拟后台之间的无缝整合。其主要目标是消除对绿幕合成的需求，以便让摄影机直接拍摄最终成像。因此需要同步所需的技术或者系统，来实现高品质实时视效。

图 10-35 LED 拍摄方式现场示意

UE 通过多种系统（如 nDisplay、Live Link、Multi-User Editing 和 Web Remote Control）支持此技术。接下来以 UE 的工作流程为案例讲解 LED 拍摄方式的虚实场景融合。

如图 10-36 所示，显示了在沉浸式 LED 摄影棚（LED volume）中使用 LED 进行拍摄的场景。主 LED 墙上所示的画中画将显示摄像机视图，其被称为摄像机的内视锥（inner frustum）渲染。此内视锥代表从摄像机视角的视场（FOV）（基于当前镜头焦距）。内视锥中显示的图像随摄像机在场景内移动，通过实体摄像机进行追踪，并始终显示摄像机的虚拟对等物在 UE 环境中呈现的内容。当通过真实世界的摄像机进行查看时，系统会形成一个视差效应，并利用完整的虚拟 3D 世界形成在真实世界位置中拍摄出来的感觉。

图 10-36 一个在 LED 摄影棚内、采用镜头内视效的拍摄场地箭头标记了摄像机的内视锥，并从摄像机视角进行渲染

在摄像机视场外的 LED 摄影棚中显示的内容称为外视锥（outer frustum）。此外视锥可将 LED 面板转变为物理组的动态光源和反射光源，因为这些面板以虚拟世界包围组集，并还原光线照射在真实世界位置上的效果。摄像机移动时，外视锥保持静态。这模仿了光照和反射在真实世界中不随摄像机移动的原理。每个拍摄点可架设于 UE 环境中的预期位置，并指示用哪种外视锥渲染照亮当前场景。

10.3.1 硬件

LED 拍摄方式要求在影片现场准备有带各种功能的连接设备网络。如图 10-37 所示，为带有 3 个 LED 面板的组集硬件布局示例。表 10-4 解释了设置中各种机器设备的作用。

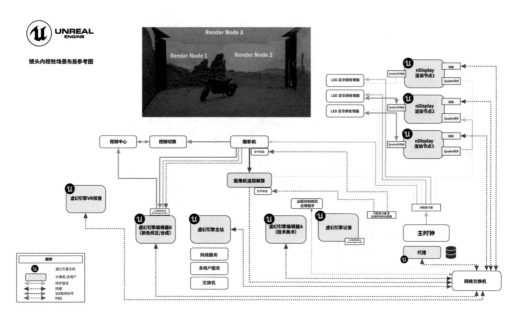

图 10-37　带有 3 个渲染节点的硬件布局示例

表 10-4　各种机器设备的作用说明列表

设　　备	说　　明
主时钟	主时钟是系统的信号核心。其确保所有接收或记录数据的设备在拍摄过程中保持同步
网络	强烈建议为所有设备配备带有高吞吐量的受保护 LAN 网络
nDisplay 渲染节点	每个渲染节点驱动 LED 摄影棚的一部分。这表示每个节点都需要一个 NVIDIA GPU 及一张 NVIDIA Quadro Ⅱ Sync 卡
UE 主站	通常用于配置舞台布景的主要运算工作站。其还运行其他应用程序，用于启动 nDisplay 群集、远程控制网页应用程序及多用户服务器
UE 编辑器（tech art）	位于多用户会话中，供艺术家进行实时场景调整，更多以舞台表演为中心的运算符则保持主设备上内容的正常运行
UE 记录	通过 Take Recorder 记录拍摄期间摄像机、光源和道具的更改
UE 合成	在 Composure 中渲染实时合成。这是设置中的可选项
UE VR 探查	此工作站带有 VR 头戴设备，可在拍摄过程中探查环境。这在拍摄影片和单独使用时都作用明显
Perforce 代理	Perforce 代理是一种现场快速连接外部 Perforce 服务器的选项
远程控制网页应用程序	这是一种使用 HTML、CSS 和 JavaScript 框架编写的网页应用程序，可通过带有网页浏览器的平板计算机或设备远程控制场景
摄像机追踪	摄像机追踪可能涉及光学追踪、目标追踪或惯性追踪，以派生出摄像机的 3D 位置。此设置可能包括由追踪公司提供的小型 PC 或服务器
摄像机	指现场的数字电影摄像机，可以与摄像机追踪系统配对
Video Village	视频播放和回看中心

10.3.2 摄像机追踪

摄像机追踪是将摄像机的位置和移动从真实世界映射到虚拟世界。通过此技术，可将摄像机的正确视角渲染至相对应的虚拟环境中，如图 10-38 所示。

图 10-38　摄影机位置反求设备示意

摄像机追踪的最常见方法如表 10-5 所示。

表 10-5　摄像机追踪方法

追　踪　方　法	说　　明
光学追踪（optical tracking）	光学追踪系统利用专门的红外感应摄像机来追踪反射或主动红外标记，以确定拍摄摄像机的位置
目标追踪（feature tracking）	与光学追踪系统使用的自定义标记不同，功能追踪涉及对真实世界对象特定图形的识别，并将其作为追踪源
惯性追踪（inertial tracking）	惯性测量单元（IMU）包含陀螺仪和加速度计，以确定摄像机的位置和方向。IMU 通常配合光学和功能追踪系统使用

建议对进行 LED 拍摄的摄影机使用多源头的追踪方式，如集合了惯性追踪的光学追踪。多源头与任何单一技术相比，可获得更好的整体摄像机追踪数据。

10.3.3 Live Link

Live Link 是 UE 内摄取实时数据的框架，这些实时数据包括摄像机、光源、变形和基本属性。对于 LED 拍摄方式来说，Live Link 在分发被追踪的摄像机信息方面具有至关重要的作用，并可将其启用以配合 nDisplay 将追踪信息送至每个群集节点。UE 通过 Live Link 实现了对多种摄像机追踪合作伙伴的支持，其中包括 Vicon、Stype、Mo-Sys 和 Ncam，以及多种其他专业追踪解决方案。

使用 Live Link 的流程大致如表 10-6 所示。

表 10-6　使用 live link 的流程

步　　骤	说　　明
添加 Actor	使用 Actor 来定义如何使用传入的数据，这样可以使数据更容易映射到 UE 中的目标 Actor。支持的 Actor 包括摄像机、光源、角色、变形和基本角色（用于一般数据）

步　　骤	说　　明
定义数据源	对源进行定义，这样第三方无须修改引擎代码即可构建自己的源。源负责管理它们接收动画数据的方式（如通过网络协议接收，或者从连接到机器的设备 API 进行读取）
连接源和主体	打开"Live Link 连接"（Live Link connection）窗口，可在其中添加源类型和主体。当建立活跃的连接后，可以使用以下设置定义连接的参数
	主体名称（subject name）　在 Live Link 中应用于预览网格体的主体名称
	启用摄像机同步（enable camera sync）　启用虚幻编辑器摄像机与外部编辑器的同步。从内部来看，这是一个名为 editor active camera 的主体 Live Link。UE 内部开发的 MAYA 和 Motionbuilder 插件都为它提供了支持
	重定向资源（retarget asset）　指定应用于 Live Link 数据（该数据将被应用到预览网格体）的重定向资源

1. 摄像机设置

摄像机控制器（见图 10-39）会将 Live Link 对象中的摄像机设置和移动数据及摄像机角色直接应用到关卡中的摄像机 Actor。

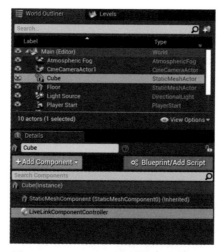

图 10-39　Live Link 中摄像机控制器界面

可以做动画处理的摄像机设置包括以下内容。

（1）视野（以角度为单位）。

（2）长宽比（宽 / 高）。

（3）焦距。

（4）以 F 值计算的摄像机孔径。

（5）摄像机焦距（cm）（仅手动聚焦）。

（6）摄像机投影模式（视角、正交等）。

2. 光源设置

光源控制器（见图 10-40）将 Live Link 对象中的光源设置及光源角色直接应用到关卡中的光源 Actor。

可以做动画处理的光源设置包括以下内容。

图 10-40　Live Link 中光源控制器界面

（1）色温（开氏）。

（2）总能量（勒克斯值）。

（3）滤色。

（4）内锥角（聚光源的角度）。

（5）外锥角（聚光源的角度）。

（6）光源可见影响（适用于点光源和聚光源）。

（7）光源形状的软半径（适用于点光源和聚光源）。

（8）光源形状的长度（适用于点光源和聚光源）。

还可以使用外部插件添加或创建额外的控制器。

3. 将控制器应用于 Actor

要应用 Live Link 控制器（见图 10-41），首先将 Live Link 控制器组件添加到 Actor，这一部分要求已连接 Live Link 源。

图 10-41　Live Link 中 Actor 控制器界面

通过 Details（细节）对话框根据以下步骤添加组件。

（1）选择关卡中的 Actor。在 Details 对话框中，单击 +Add Component（添加组件）按钮，搜索并添加 Live Link Controller（Live Link 控制器）组件。

（2）添加后，在 Subject Representation（对象表示）下拉列表框中选择要作为此 Actor 数据源的对象。UE 将基于所选择 Component to Control（要控制的组件）命令。必要时可以调整。

设置控制器后，Actor 将开始从选定 Live Link 对象自动接收数据。

10.3.4　摄像机校准

如果要精准地合成 CG 画面和拍摄现场画面，则需要在 UE 中创建一台虚拟摄像机，让它与负责拍摄现场画面的物理摄像机保持精准同步。虚拟摄像机的位置和朝向必须与物理摄像机的位置朝向精准同步，而且它的跟踪信息必须精确匹配视频信号的计时，确保每一帧视频画面都与摄像机位置持续精确同步，如图 10-42 所示。

图 10-42　LED 虚拟拍摄现场

摄像机校准插件为用户提供了简化的工具和工作流程，用于在编辑器中校准摄像机与镜头。校准过程会产生必要的数据，以便虚拟摄像机与物理摄像机在空间中对齐位置，并对物理摄像机的镜头畸变进行建模。该插件引入了镜头文件（Lens File）资产类型，它封装了所有用于摄像机和镜头的校准数据。

摄像机校准插件还包含一个健壮的镜头畸变管线。它会获取校准后的畸变数据，然后在 CG 画面上添加一层精准的后期处理效果。畸变效果可以直接应用到电影摄像机 Actor 上，它可以在影片渲染队列中使用，或应用到 Composure 的 CG 层。

该插件的工具和框架具有可扩展性和灵活性，可以支持各种镜头和工作流程。

10.3.5　镜头内视效的时间码和同步锁定

在 LED 拍摄方式的现场，务必保证所有设备之间的高精度同步。每台设备，如摄像机、计算机和追踪系统都带有一个内部时钟。即便两台设备完全一致，其内部时钟仍可能互不同步。如果未统一，将导致出现显示方面的问题，如画面撕裂。通过 nDisplay 进行

Genlock 以防止出现此类问题。

当为 LED 拍摄方式搭建环境时，务必注意 nDisplay 带有一些需要考虑的特定限制。应避免如 SSGI、SSAO、SSR、晕映、眼部适应和泛光之类在页面上间隔排列的效果。由于这些效果的性质在页面上间隔排列，因此在 nDisplay 系统内的两个集群节点之间会出现边框问题。

10.3.6　实时合成

对于无法在 LED 拍摄方式的现场中实现的最终效果合成部分，系统提供了回退选项。内视锥可通过可调的追踪标记轻松更改为绿幕。外视锥可继续显示来自 UE 环境的渲染，如图 10-43 所示。

图 10-43　带有绿幕的组集仅在摄像机视图内可见
外视锥仍将显示来自虚幻引擎环境的渲染，以便制作光照和反射

仅在摄像机视场内使用绿幕可最小化特定拍摄中所需的绿幕数量。更少的绿幕意味着更少的绿幕溢出到 Actor 和场景上。继续显示来自外视锥上 UE 环境的渲染，可以让制片过程仍利用到真实世界光照和 LED 的反射能力。如图 10-44 所示，二者都对合成用绿幕元素的改良做了贡献。

图 10-44　由于此组集在外视锥中使用了 LED 墙制作环境光照和反射，可以看到摩托和
actor 眼镜的真实世界反射，即使最终拍摄中的背景已经被合成

绿幕拍摄也从实时合成中获益，其允许电影拍摄人员和执行人员更全面地了解在经典的绿幕环境下，最终拍摄效果将如何。这些合成在编辑预览镜头时也非常有价值。

Composure 是用于实时合成的 UE 框架。通过这一组功能，可以将实时视频源、AR 合成、绿幕镶选、垃圾遮罩、颜色校正和镜头畸变加入镜头中。Composure 是一种灵活的系统，可以在其中扩展和创建自定义的材料效果。

10.3.7　颜色校正

在 LED 拍摄方式的拍摄过程中，确保拍摄的几组镜头之间颜色一致至关重要。通过查看实时动作摄像机来确认最终画面是一种很好的做法，还可通过（将外视锥显示为光源的）LED 面板进行测试。

不同摄影机输出的效果不一致。如果几组镜头的拍摄使用不同的摄影机，可能使截取的颜色也不一致。因此在使用 LED 摄影棚拍摄影片时，应尽可能地使用同一部摄影机。

使用 LED 摄影棚上的视觉效果测试作为光源的现场实时操作资产。来自 LED 面板的光源与其他光源的共同作用，会对舞台元素产生不同的效果。

UE 的工作颜色空间（working color space）不是显式的。它是隐式线性 Rec709（也称线性 sRGB）。这意味着编码是线性的，颜色空间是 Rec709 原色和白点。有可能会提供其他颜色空间中的纹理和材质，这会向 UE 暗示，工作颜色空间是 Rec709 之外的内容。常见的替代空间是 ACEScg，许多视觉特效处理工作室都在使用此色彩空间。要点是：虚拟场景是线性的，并且目标是让这些线性值显示在 LED 墙上。为此，应该禁用后处理链中的一部分内容（或设置为 0），确保常规 UE 的"摄影机特效"均未应用于虚拟内容。

为了统一虚拟场景、LED 显示及摄影机内拍摄画面的色彩空间的一致性，Sony 公司推出了新款虚拟制作工具套装（见图 10-45），包括摄影机与显示器虚拟制作插件和虚拟制作色彩校准工具，帮助摄影工作者改善前期制作效率和现场工作流程，解决制作中的痛点、保持色彩一致性。

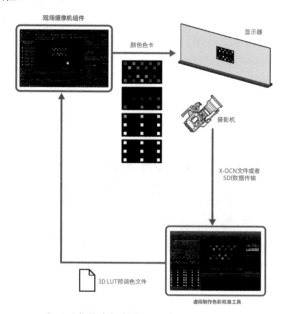

图 10-45　Sony 公司开发的虚拟制作工具套装中虚拟制作色彩校准工具流程

其中，摄影机与显示器虚拟制作插件是一款针对 UE 的插件，它可以帮助制作团队发现及解决虚拟制作工作流程中常见的问题。插件中的 Virtual VENICE 可以让制作人员再现 CineAltaV 和黑彩晶 LED 屏的设置。虚拟美术部门利用 CineAltaV 的色彩流程在前期制作阶段创建资产，通过插件中的 Virtual VENICE 功能可以出色地模拟摄影机的曝光指数和 ND 滤镜，重现浅景深效果，并帮助制作组在前期制作过程中确定镜头的选择，以及根据 LED 显示屏的点间距和其他特性，显示相应的摩尔纹警报，帮助制作组在前期制作过程中对摄影机位置和摄影机移动进行调整，以节省拍摄现场的设置时间，如图 10-46 所示。

图 10-46　Sony 公司开发的虚拟制作工具套装现场应用示意

虚拟制作色彩校准工具（Color Calibrator）是一款基于 Windows 10 操作系统的简单易用的应用程序，可以确保在使用 CineAltaV 拍摄显示屏时，获得贴切的色彩还原。这款校准工具大大减少了在拍摄或制作环节的测试、重拍或复杂 LUT 工作。相反，可以更加直观地通过界面校准 LED 显示屏的效果，包括支持 HDR 的 LED 屏幕，来改善现场工作流程，从而在 CineAltaV 中实现预期的色彩效果。

10.3.8　OpenColorIO

OpenColorIO，简称 OCIO，是一个主要用于电影和虚拟制片的颜色管理系统。OCIO 能确保拍摄到的视频颜色在整个制片管线中保持一致。这个管线包括最初的摄像机拍摄、特效合成期间的所有合成应用及最终的渲染画面。

OCIO 是 UE 中的一个插件。启用插件后，可以将 OCIO 配置文件应用到编辑器中，或应用于 nDisplay 的各个显示器上。

OCIO 转换的目的是将 UE 的工作颜色空间转换为 LED 处理器的输出信号。

下面的摄像机校准步骤假设特定颜色空间会确定校准与目标匹配，称之为摄像机校准颜色空间（Camera Calibration Color Space）。它有可能与工作颜色空间（Working Color Space）相同，但考虑到灵活性，这里会单独称呼。

OCIO 转换需要用到一个 OCIO 配置资产，后者会引用本地 OCIO 配置文件。此外，此资产有一个来自 OCIO 配置的颜色空间白名单，可供 UE 使用。

（1）从线性到信号值的 OCIO 转换。

① 源颜色空间：线性工作颜色空间。它会从源空间转换为 OCIO 参考空间。

② 目标颜色空间：PQ 编码的信号颜色空间。它会从 OCIO 参考空间转换为目标空间。

（2）从 OCIO 参考转换为线性摄像机校准颜色空间。

① 摄像机校准矩阵。

② 线性到 PQ 转换。

在 config.ocio 文件中，PQ 编码的信号颜色空间的目标空间涉及 3 个具体步骤。

（1）从 OCIO 参考空间转换为线性摄像机校准颜色空间。

（2）应用摄像机校准矩阵，从线性摄像机校准颜色空间转换为线性信号颜色空间。应当注意，信号颜色空间不是使用原色定义的，而是通过校准过程定义的。

（3）从线性编码为 PQ。

10.3.9 光影匹配

现场的 LED 环境搭建时，还应该注意虚实场景的光影匹配，例如，对于人物光的塑造，可能会影响到背景的部分画面，在虚拟背景制作时，应当根据现场光位去设置相应的灯光，以此来匹配现场灯光对于虚拟背景的实时反馈。同时应注意，演员自身涉及的反光及高光部分，如果超出了现场 LED 的范围，应当使用灯光进行补充或者尽量规避穿帮。光影匹配是相互的，应当时刻注意现场与背景之间的联动关系并时刻留意拍摄画面中的光影塑造，如图 10-47 ～图 10-49 所示。

图 10-47　光影匹配现场示意 1　　图 10-48　光影匹配现场示意 2　　图 10-49　光影匹配现场示意 3

为了实现虚实场景的照明匹配，尤其是将真实世界的光照重现到虚拟的三维场景中，基于图像的照明技术应运而生并在影视视效制作中大量应用，在影片拍摄的同时拍摄记录铬球、灰球及色卡（见图 10-50），或者使用全景相机直接拍摄 HDR 影像（HDRI），将所记录的图像导入到三维软件中，从而快速地在虚拟的三维场景中重现真实世界的光照效果。基于图像的照明能满足许多情况下的视效制作，但由于本身的原理导致其无法实现一些特殊的光照效果，如平行光、阴影等，因此在视效后期制作中，一般需要在基于图像的照明基础上，为虚拟场景添加额外的光源从而实现真实的光照匹配。

图 10-50　同时拍摄 LED 屏幕内灰球和采用灯光还原系统照明的真实灰球环境光颜色对比

颜色误差在 0.15 ～ 0.3 之间

由于 LED 屏幕照明显色性较差，为了解决这一问题，可以将一部分不会被摄影机所拍摄到的 LED 屏幕替换为灯光阵列。如图 10-51、图 10-52 所示，灯光阵列由数量众多的数控灯光组成，一般以网状较为规律且均匀地排布在摄影棚内的部分区域，灯光阵列中的每一盏数控灯光都会被三维实时引擎集中控制，从而使灯光阵列匹配还原出虚拟世界的光照情况。灯光阵列和 LED 屏幕一样同样具备易于调节的优势，且亮度更高、照明显色性更好。灯光阵列一般由众多的 LED 平板灯、硬光灯加柔光装置或管灯组成。

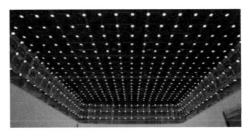

图 10-51　由 SkyPanel 构建的数字控制灯光阵列　　　图 10-52　数字控制灯光阵列

无论是 LED 屏幕还是灯光阵列，由于单位面积发光强度较低，均难以实现强点光源的效果，为此需要使用影视灯具作为补充，尤其需要大功率聚光灯作为强点光源的补充。尽管钨丝灯、镝灯等传统灯具依然是一种可靠的选择，但在 LED 虚拟化制作的环境中，灯光架设受到了更多的限制，因此，可以快速调节亮度甚至色彩的新型 LED 数控影视灯成为了更好的选择。LED 数控影视灯具能够通过 DMX、Art-net、sACN 等灯光控制协议快速调节灯光的参数，除了能快速调节灯光亮度色彩外，还可以实现动态的光照效果，更适合于 LED 虚拟化制作。

影视灯具尤其是聚光灯，能解决 LED 屏幕无法发出硬光的问题，通常用在太阳照射的角度模拟太阳光照。但影视灯具较大的发光功率，容易对 LED 屏幕产生影响，使背景画面的对比度降低从而影响真实感。因此，应使用遮光罩、菲涅尔透镜、成像镜头、黑旗等配件或工具对光照进行控制。

10.3.10　舞台监视器

在片场操作舞台时，会有多台计算机运行 UE 的实例并相互协同。操作者可以让部分实例渲染 LED 墙上的画面，让另一部分在编辑器中修改场景，还有一些可以用来进行合成。借助舞台监视器可以接收来自这些 UE 实例的所有事件报告，并对设置中的问题进行故障排除。

10.3.11　物体场景设计

对于 LED 拍摄方式而言，LED 屏幕尽可能地解决了背景问题，但也应当注意前景的设计。首先要明确前景物体的位置，演员走位的路线及摄影机的调度，尽量避免穿帮及前景物体影响整体表演的情况。

另一个比较重要的点是要注意前后景的交界处，在前景的舞台设计上，尽量使交界处与 LED 显示的背景过度柔和，避免在画面中一眼能看出虚实场景的交界。

10.4 ◀ 场景扩展补充

在虚拟制片的实践中，实时画面扩展技术（Real-time Scene Extension）尤为关键，它弥补了 LED 屏幕显示范围的限制，使拍摄的视角不再受到物理屏幕边界的束缚。这项技术主要依赖于实时渲染引擎（如 UE），及精确的摄像机追踪系统。

在实时画面扩展的工作机制中，实时渲染引擎根据摄像机的实时位置、方向和动态变化，动态地生成和渲染相应的虚拟环境。因此，即使摄像机的视角超越了 LED 屏幕的物理边界，摄像机仍然能够捕捉到连贯和一致的虚拟环境，如图 10-53 所示。

图 10-53　场景扩展补充示意

实施实时画面扩展技术需要强大的计算处理能力，以便在每一帧中动态生成和渲染高质量的虚拟环境。此外，这项技术还需要精确的摄像机追踪系统，以确保实时渲染引擎能够准确地获取摄像机的实时位置、方向和动态变化。这项技术对于硬件设备和算法的要求非常高，但其带来的好处也是显而易见的。

实时画面扩展技术为虚拟制片提供了更高的自由度和创新空间，使制片人能够在实际的物理环境中创建出无限可能的虚拟世界。此外，这项技术还能够显著降低后期制作的工作量和成本，因为它能够在拍摄过程中实时完成画面的扩展。

总而言之，实时画面扩展技术是虚拟制片中一项重要的技术，它结合了实时渲染引擎和精确的摄像机追踪系统，动态地生成和渲染虚拟环境，从而超越了物理屏幕边界的限制，为虚拟制片提供了更高的自由度和创新空间。

第 11 章

数字人与虚拟制片的综合

11.1 ◀ 数字人创建

数字人技术及其制作是影视、游戏、娱乐等数字娱乐产业中的重要内容。

11.1.1 传统创建流程

整体来说，数字人的虚拟资产搭建更偏向于使用游戏角色模型的行业标准，但是随着 DCC 软件和实时渲染引擎技术不断地更新发展，游戏和影视的行业标准逐渐接近，数字人的所谓"行业标准"也渐渐模糊。

从传统流程看，制作数字人是一个复杂的过程，需要掌握建模软件和计算机图形技术。初学者可以从学习建模软件的基础知识开始，逐渐提升技能水平。

传统数字人创建流程一般遵循如下步骤。

1. 确定需求

如图 11-1 所示，首先，明确对于数字人的需求和目标。制作者需要确定数字人的外观、特征、动作和行为等方面的要求。在明确各方需求后，再去开展数字人制作的具体工作。

图 11-1　角色概念设计

2. 选择建模软件

选择适合需求的建模软件。常用的建模软件包括 MAYA、Blender 等，如图 11-2 所示。建模软件提供了强大的建模、动画和渲染功能。

图 11-2　可能会用到的创作软件（部分）

3. 创建基本几何形状

如图 11-3 所示，创建数字人的基本几何形状，如身体、头部、四肢等。可以使用软件中提供的基本几何体，或者使用绘图工具手动创建。

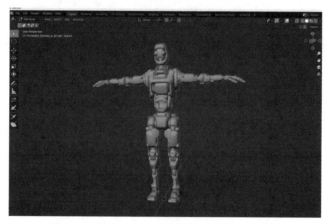

图 11-3　使用 Blender 进行基本的人物形态建模

4. 雕刻和细节塑造

下一步是使用建模软件的雕刻和细节塑造工具，逐渐为数字人添加更多的细节。这包括雕刻面部特征、肌肉、衣物等。在实际的生产实践中，建模软件 ZBrush 经常用于本步骤的工作，如图 11-4 所示。

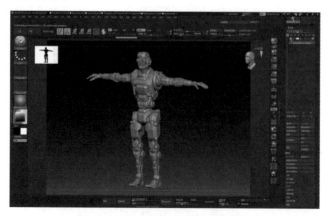

图 11-4　在 ZBrush 中雕刻角色细节

5. 创建骨骼系统

如图 11-5 所示，为了让数字人动起来，需要为数字人创建骨骼系统。骨骼系统可以控制数字人的动作和姿势。

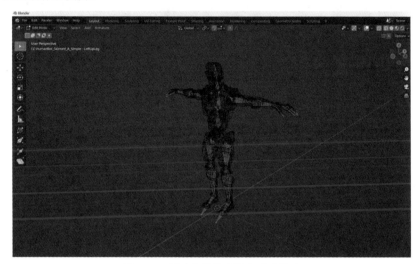

图 11-5　创建角色的骨骼和蒙皮绑定

6. 动画制作

如图 11-6 所示，这个步骤需要设置数字人的姿势、动作序列及表情等。动画制作可以逐帧完成用动画编辑器创建关键帧动画，或是让动作捕捉演员穿戴动捕服进行动画动作的录制。

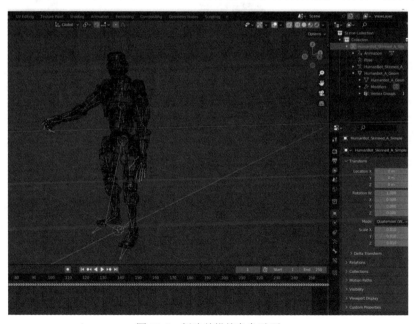

图 11-6　创建并烘焙角色动画

7. 材质和纹理

如图 11-7 所示，需要为数字人添加材质和纹理，使其外观更加逼真。使用建模软件中的材质编辑器和纹理工具，可以为数字人的皮肤、衣物等部分添加适当的材质和纹理。

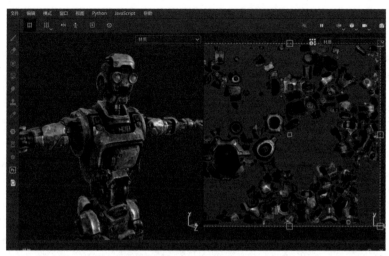

图 11-7　在 Substance Painter 中创建角色的模型贴图

8. 照明和渲染

如图 11-8 所示，对于数字人使用的具体场景，需要调整照明设置和渲染参数，如光源、阴影、环境光等，以获得所需的外观效果。

图 11-8　Substance Painter 中的材质预览

9. 优化和调整

在完成初步制作后，检查数字人的模型、动画和外观是否符合预期。根据需要进行优化和调整，确保数字人的表现达到预期效果。

10. 输出和应用

完成全部制作后，将数字人动画输出为图像序列、视频文件或导出为特定的格式，以便在其他应用程序或平台中使用，如图 11-9 ～图 11-11 所示。

图 11-9　输出示例 1-NO MORE TOUCH

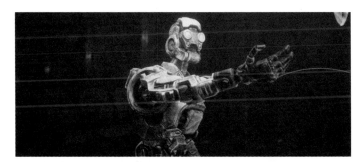

图 11-10　输出示例 2-NO MORE TOUCH

图 11-11　输出示例 3-NO MORE TOUCH

11.1.2　高精度点云扫描

虚拟数字人的创建涉及三大核心技术：光场采集与三维建模、AI 算法驱动表情动作，以及基于深度学习的光线追踪算法。这包括来自影视行业的照相建模、高精度 3D 扫描，以及与面部和动作捕捉相关的技术。这些技术已经成功应用于游戏领域的实时渲染，为数字人物的表现力带来了显著的提升。

以 Light Stage 为例，通过构建相机阵列，使用多角度和高精度的照片来还原拍摄人物的三维结构，并获取面部的反射信息。由此做到了在不同环境光下都能重新构建人脸模型的光效。在不断迭代的过程中，Light Stage 解决了技术和工程上的难题，包括高精度皮肤纹理合成、光照与环境一致性，以及更准确快速的采集过程，如图 11-12 所示。如图 11-13 所示，该系统主要以高逼真度的 3D 人脸重建为特点，并已成功应用于电影渲染中。从最初的 Light Stage 1 到现在的 Light Stage 6，最新一代系统被命名为 Light Stage X。

 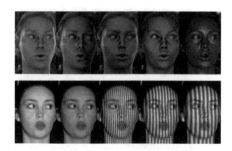

图 11-12　Light Stage 高精度人物扫描系统　　　图 11-13　阵列扫描

11.1.3　MetaHuman

　　MetaHuman 是由 Epic Games 开发的一项虚拟人物创作技术和工具。它是一个基于云的平台，旨在提供高度逼真的数字人物创作和动画制作工具，使用户能够快速、高效地生成真实感十足的虚拟人物。

　　MetaHuman 的核心特点是其强大的人物建模和动画系统。通过使用 MetaHuman 编辑器，用户可以创建从头到脚完全自定义的数字人物。编辑器提供了丰富的选项，使用户能够调整面部特征、身体比例、服装风格等方面，以创建独特而逼真的虚拟人物。用户还可以对人物的姿势、动作和表情进行精细调整，以实现更高水平的动画效果。

　　MetaHuman 还利用了机器学习和计算机视觉技术，通过扫描和分析现实世界中的人类面部数据，提取关键特征和特点。然后，这些数据可以应用于虚拟人物的建模过程中，使生成的数字人物具有更真实的外观和动作。

　　MetaHuman 不仅可以用于游戏开发，还可以应用于电影、电视、虚拟现实和增强现实等领域。它为创作者提供了一个高效、可靠的工具，使他们能够以前所未有的速度和质量创造出栩栩如生的虚拟角色。

　　MetaHuman 是一项革命性的技术，为数字人物创作提供了前所未有的灵活性和逼真度。它为游戏和娱乐行业带来新的可能性，并为创作者和开发者提供了一个强大的创作工具，使他们能够打造出令人惊叹的虚拟世界和人物。

　　可以在网址 https://metahuman.unrealengine.com/，也就是 MetaHuman 的官方网站进行数字人的创作。

　　进入网站并完成登录后，需要选择 MetaHuman 应用的 UE 版本，不同版本之间的MetaHuman 略有差异。如图 11-14 所示。

图 11-14　MetaHuman Creator 首页

如图 11-15 所示，基于 MetaHuman Creator 提供的模板人物进行创作。

图 11-15　数字人预设

如图 11-16 所示，数字人王阳明便是由多种 MetaHuman 预设混合而成的。

图 11-16　数字人王阳明混合示例

如图 11-17 所示，在 MetaHuman Creator 中可以调节的参数有皮肤、眼睛、牙齿、妆容、毛发及身体等，并可以简单地进行雕刻。

图 11-17　数字人王阳明

在云端完成 MetaHuman 的制作之后，需要通过 Bridge 将其下载并导入 UE 中。单击右下角的"下载"按钮，等待下载完成后导入即可。

导入引擎后，会有一个专门的 MetaHumans 文件夹，对于所有 MetaHuman 生成的数字角色来说，无论是男性还是女性，有些资产内容都是共通的，把这些存储在 MetaHumans → Hana 文件夹中，而每个人特有的资产则存储在相应名字的文件夹下。在图 11-18 的文件夹结构中，找到该蓝图类（命名方式为 BP_Hana），并拖入场景即可，如图 11-18 所示。

图 11-18　MetaHuman 文件夹结构

11.1.4　MetaHuman 及其辅助制作工具

1. Reality Capture

Epic Games 公司于 2021 年收购了 Reality Capture 的开发商 Capturing Reality，并将 Reality Capture 用于为 Megascans 库创建 3D 扫描。Capturing Reality 现在更名为 Epic Games Slovakia，该公司的所有员工都加入了 Epic Games。

Reality Capture 是一款强大的基于图像建模和激光扫描数据处理的三维重建和点云处理软件。它可以将照片、激光扫描数据和无人机航拍图像等输入转换为高精度的三维模型和点云。Reality Capture 支持对输入的图像进行处理和对齐，以获得一致的视角和几何关系。它能够自动检测和匹配图像特征，进行图像对齐和几何校正。通过对图像进行密集匹配，Reality Capture 可以生成高密度的三维点云。点云包含了场景的几何信息，可以用于后续的建模、分析和测量。基于生成的点云，Reality Capture 可以生成几何精确的三维网格模型。此外，它还支持将图像纹理映射到模型上，使模型具有真实的外观。Reality Capture 具有强大的建筑物重建功能。它能够从图像或激光扫描数据中提取建筑物的几何结构，包括墙面、屋顶、窗户等，并生成精确的建筑模型。

2. Metashape

Metashape 是一款专业的三维重建和摄影测量软件。它由 Agisoft LLC 开发，旨在通过图像处理和计算机视觉算法，将多个照片或无人机航拍图像转换为高精度的三维模型或地形数据。Metashape 能够自动检测和匹配输入图像之间的特征点，然后根据这些匹配点进行图像对齐，以获得一致的视角和几何关系。通过对图像进行三角测量，Metashape 可以生成高密度的三维点云模型。这些点云包含了场景中的几何信息，可以用于后续的建模和分析。基于密集点云，Metashape 可以生成精确的三维几何模型。这些模型可以是网格（mesh）模型，也可以是稠密表面模型。Metashape 支持将图像纹理映射到生成的三维模型上，从而使模型表面呈现出真实的外观。它还可以生成基于图像的材质贴图，提供更加逼真的视觉效果。

此外，还可以将 Metashape 生成的模型导入 UE 中。如图 11-19 所示，利用"MetaHuman 本体"这个功能，将头部网格体转换为 MetaHuman（此功能需要打开 MetaHuman 插件）。

图 11-19 MetaHuman 本体

单击左上角"添加网格体组件"。接下来选择 Neutral Pose 命令，单击提升帧，MetaHuman 本体解算，网格体转 MetaHuman，便可获得在 MetaHuman Creator 中可以编辑的 MetaHuman 角色。

11.2 ◀ 数字人绑定

动作捕捉得到的 FBX 数据，可以通过骨骼重定向，快速应用于 MetaHuman 数字人。动作重定向需要建立两套 IK 绑定资产及建立一个 IK 重定向器，如图 11-20 所示。

图 11-20 IK 绑定位置

动作重定向的目的在于为两套骨骼之间建立对应关系，即使动作捕捉中骨骼的各个部位和关节与 MetaHuman 的骨骼相关联。

首先要建立两个 IK 绑定器，分别标记两套骨骼的各个部位：spine、neck、head、right hand、left hand、left leg、right leg。如需要，也可以标记各个手指。

如图 11-21 所示，选择多个骨骼（如 spine_01 到 spine_05），然后右击，在弹出的快捷菜单中选择"新建来自选定骨骼的重定向链"命令，便可成功标记这些骨骼。

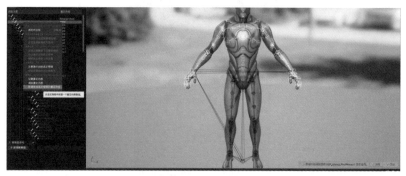

图 11-21　建立重定向链

动作数据骨骼 IK 绑定如图 11-22 所示。

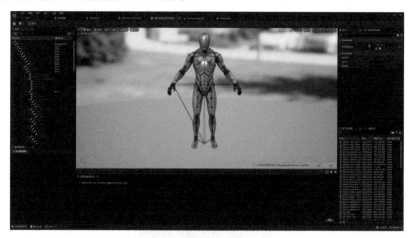

图 11-22　动作数据骨骼 IK 绑定

MetaHuman 骨骼 IK 绑定如图 11-23 所示。

图 11-23　MetaHuman 骨骼 IK 绑定

如图 11-24 所示，建立 IK 重定向器，置入原始骨骼的 IK 绑定与 MetaHuman 骨骼的 IK 绑定。即可将动捕数据迁移到数字人骨骼上。

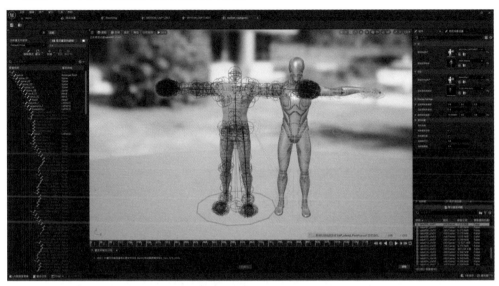

图 11-24　IK 重定向器

如图 11-25 所示，需要注意两套骨骼之间的链映射关系是正确的。

图 11-25　源链与目标链之间的映射关系

如图 11-26 所示，单击选择原始骨骼动画资产，并单击"导出选定动画"按钮即可。

图 11-26　导出动画示意

11.3 ◀ 动作捕捉技术

11.3.1 光学捕捉

　　动作捕捉中的光学捕捉是一种常见的技术，用于记录和跟踪人体或物体的运动，如图 11-27 所示。它基于摄像机和传感器网络，通过捕捉物体表面上的特征点或标记点的位置来实现高精度的运动数据采集。光学捕捉系统的优点包括高精度、高帧率和实时性。它在电影、电视、游戏、运动分析、虚拟现实等领域被广泛应用。通过光学捕捉，可以捕捉到真实世界中人体或物体的细微动作，用于创建逼真的角色动画、进行运动分析研究或交互式虚拟体验。

图 11-27　光学动捕软件 UI 界面

　　光学捕捉系统使用多个高速摄像机来捕捉物体的运动，如图 11-28 所示。这些摄像机位于固定位置，以不同的角度和视角观察被捕捉的场景。摄像机通常配备高分辨率图像传感器，能够以高帧率（通常为 100 fps 或更高）拍摄图像。被捕捉的物体或人体表面上附着特殊的标记点或反光球（或反射标记）。

图 11-28　光学动捕的摄像头定位点

　　这些标记点可以是被动式的，反射周围光线以帮助摄像机识别它们的位置；也可以是主动式的，通过发射红外或激光信号来被摄像机跟踪。标记点的位置和移动在后续的数据处理中被用来重建物体或人体的运动。捕捉到的图像数据需要通过专业的数据处理软件进行分析和重建。软件会根据摄像机拍摄的图像和标记点的位置，计算出物体或人体在三维空间中的位置和运动轨迹。这些数据可以以各种形式输出，如三维骨骼动画、点云模型、关键帧数据等。

11.3.2 惯性捕捉

如图 11-29、图 11-30 所示，惯性捕捉基于 IMU，通过测量物体的加速度和角速度来获取运动数据。惯性捕捉无须外部设备和环境限制，它的灵活性高，适用于室内和室外等各种环境。通过惯性捕捉，可以实时获取物体或人体的运动数据，并用于角色动画、人体运动分析、运动训练等应用。惯性捕捉系统的精度相对光学捕捉系统较低，并且在长时间使用后可能会出现积累误差。因此，在某些情况下，光学捕捉和惯性捕捉系统可能会结合使用，以获得更高精度和更全面的运动数据。

图 11-29　惯性捕捉装备

图 11-30　动作传输蓝图

每个被捕捉的物体或人体部位都装备了一个或多个 IMU。一个通常由加速度计、陀螺仪和磁力计组成。加速度计用于测量物体在三维空间中的加速度，陀螺仪用于测量物体的角速度，而磁力计用于测量物体的方向和姿态。每个 IMU 都会产生运动数据，并通过无线或有线方式传输给计算机。为了确保数据的同步性，IMU 之间通常会采用同步信号或时间戳来保持时间上的一致性。捕捉到的 IMU 数据需要通过专业的数据处理软件进行分析和重建。软件会处理 IMU 提供的加速度和角速度数据，计算出物体或人体在三维空间中的位置、速度和姿态，如图 11-31 所示。

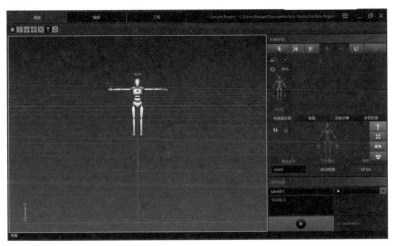

图 11-31　Axis Studio 用户界面

11.3.3 机械式动作捕捉

机械式动作捕捉依靠机械装置来跟踪和测量运动轨迹。典型的系统由多个关节和刚性连杆组成，在可转动的关节中装有角度传感器，可以采集关节转动角度的变化情况，以此重绘该时刻被捕捉对象的形态。

机械式动作捕捉的一种应用形式是将欲捕捉的运动物体与机械结构相连，物体运动带动机械装置，从而被传感器实时地记录下来，如图 11-32 所示。

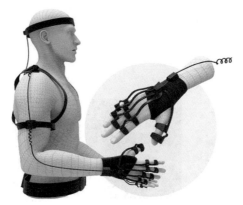

图 11-32　机械式动作捕捉手套

机械式动作捕捉具有成本低、精度高的特点，可以较好地还原运动姿态，如图 11-33、图 11-34 所示。同时，由于机械式动作捕捉的数据量较小，数据处理过程简单，因此可以较容易地实现实时捕捉。机械式动作捕捉可以同时捕捉多个对象，同光学式相比，排除亮点标记的相互影响，干扰较小。但是机械式动作捕捉的缺点同样显著。一方面是机械式动作捕捉的使用极不方便，机械结构对表演者的动作有很大的阻碍和限制。另一方面，由于装置较难用于连续动作的实时捕捉，需要操作者不断根据剧情要求调整装置的姿势，因此机械式动作捕捉主要用于静态造型捕捉和关键帧的确定。

图 11-33　机械动捕装置示意　　　　　　图 11-34　机械动捕装备示意

11.4 ◀ 视觉动作捕捉技术与数字人运动数据驱动

11.4.1　动捕设备数据获取

本书以诺亦腾的 Perception Neuron 3 Pro 的惯性动捕设备驱动和以 MetaHuman 为基础绑定的角色模型为例。

相关的软件可以在诺亦腾的下载服务中找到，如图 11-35 所示。

图 11-35 诺亦腾官方网站下载服务

在此页面选择使用购买的相应动捕设备并进入下载界面，如图 11-36 所示。

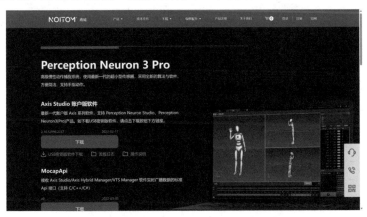

图 11-36 诺亦腾官方网站软件下载页面

选择 Axis Studio 的 USB 密钥版软件（设备自带相应 USB 密钥），下载完成后正常安装，软件除了安装目录自定义之外全部按照默认配置即可。连接设备的 USB 密钥和收发器在软件中进行配置和软硬件连接（具体参考不同设备）。新建工程并选择存储路径，如图 11-37 所示。

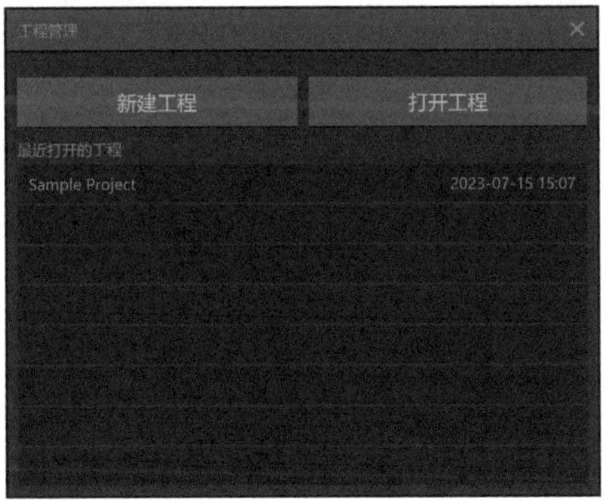

图 11-37 Axis Studio 新建工程页面

进入"捕捉"界面选择并打开穿戴硬件设备，单击"连接"按钮进行软硬件连接，如图 11-38、图 11-39 所示。

图 11-38 Axis Studio 主页面

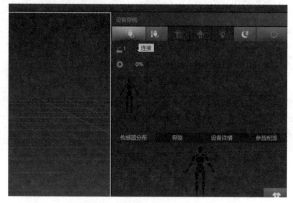

图 11-39 连接动捕传感器示意

进入连接界面，按指示进行连接和动作矫正，如图 11-40、图 11-41 所示。

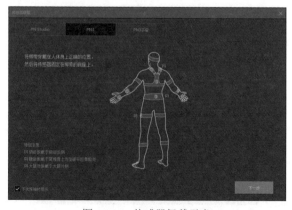

图 11-40 传感器佩戴示意

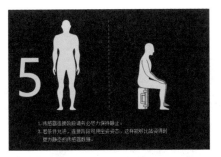

图 11-41　矫正动作示意

适配成功后就能看到小白人 chr03（实时传输动作数据），如图 11-42 所示。

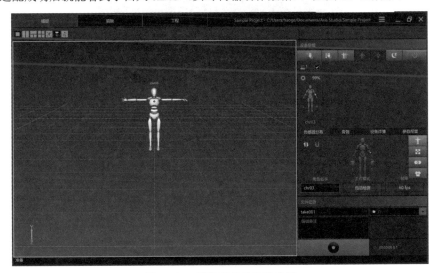

图 11-42　适配成功的动捕骨骼

左击进入"主菜单"的设置，如图 11-43 所示。

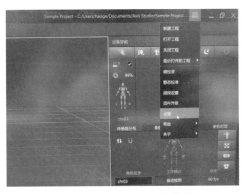

图 11-43　Axis Studio 主菜单

打开主菜单，选择"设置"→"BVH 数据广播"选项，如图 11-44 所示。

注意：这里的"BVH- 捕捉"选项卡用于进行实时动捕的设置；"BVH 编辑"用于录入离线数据，参数的默认协议为 TCP，要更改为 UDP（UDP 的数据传输速度更快，但是质量不如 TCP），本地地址 / 目标地址的 IP 和端口要进入 UE 查看，如图 11-44 所示。

图 11-44　Axis Studio 设置页面

11.4.2　虚幻引擎与动捕设备的配置

打开 UE 之前需要先安装相应的插件，在下载 Axis Studio 的界面中，选择当前使用的 UE 的相应版本，下载 NeuronLiveLink、NeuronRetargeting 插件，如图 11-45 所示。

图 11-45　诺亦腾 UE 插件下载页面

插件下载后安装在相应版本的 UE 目录下，如图 11-46 所示。

图 11-46　诺亦腾 UE 插件文件目录结构

打开 UE，安装插件并重启，如图 11-47 所示。

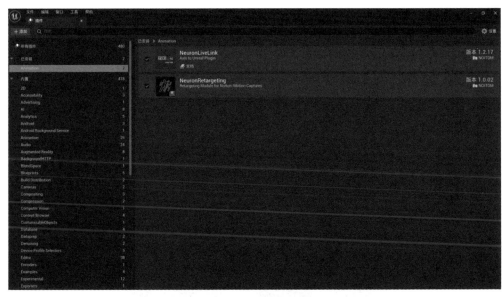

图 11-47　打开诺亦腾 UE 插件

重启后在新建虚拟制片场景预设，选择菜单栏中的"窗口"→"虚拟制片"→ LiveLink 命令，如图 11-48 所示。

图 11-48　打开 LiveLink

进入 LiveLink，选择"源"→ Axis Neuron Live 命令，启用 UDP 并复制地址进入本地地址和目标地址和端口（在案例中分别是 127.0.0.1:7003 和 127.0.0.1:7004），如图 11-49 所示。

图 11-49　设置 Axis Neuron Live

单击 Ok 按钮添加"源"就能看到画面，若主题命名和动捕设备中的命名一致则为添加成功（这里同为 chr03），如图 11-50 所示。

图 11-50　设置成功示意图

接下来导入已经编辑好的 MetaHuman（这里使用了预设的角色 VIVIAN，可以使用自定义的各种角色资产），注意下载之后不要将人物蓝图拖入场景，如图 11-51 所示。

图 11-51　在 Bridge 中下载 MetaHuman

打开 NeuronLiveLink 插件的安装目录，选择 MetaHuman 的官方预设（如果不是使用该动捕该设备会需要手动重定向一遍骨骼）直接拖入 MetaHuman 的文件夹即可，如图 11-52。

名称	修改日期	类型	大小
AxisStudio_Mannequin_Retarget_Pose	2022/6/13 14:47	3D Object	490 KB
AxisStudio_Metahumans_Retarget_Pose	2022/6/13 14:47	3D Object	22,567 KB
Mixamo_Ch46_nonPBR	2022/6/13 14:47	3D Object	28,301 KB
PN3Robot	2022/6/13 14:47	3D Object	1,099 KB
PNSRobot	2022/6/13 14:47	3D Object	1,095 KB
SK_Mannequin	2022/6/13 14:47	3D Object	1,543 KB

图 11-52　诺亦腾官方准备的 MetaHuman 骨骼

注意，导入 FBX 时需要选择 metahuman_base_skel 骨骼，如图 11-53 所示。

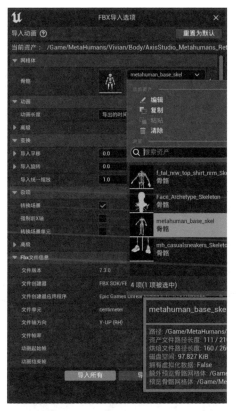

图 11-53　导入 FBX 设置

进入人物的蓝图，选择 Body 的默认骨骼网格体进入细节，如图 11-54 所示。

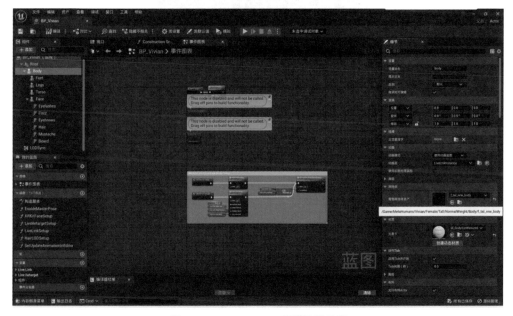

图 11-54　MetaHuman 蓝图设置示意

选择该骨骼网格体的动画蓝图并进入骨骼网格体细节，注意选择和网格体命名相同的动画蓝图（这里同为 f_tal_nrw_#），如图 11-55 所示。

图 11-55　骨骼网格体设置

在动画蓝图中的动画图表中选择 AnimGraphwg 命令，如图 11-56 所示。

图 11-56　AnimGraph 位置示意

在蓝图中编辑搜索添加实时链接姿势（live link pose）节点，如图 11-57 所示。

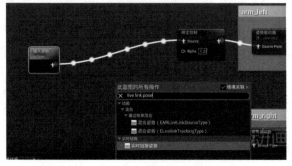

图 11-57　连接实时链接姿势节点

在蓝图中编辑搜索添加 Foot Skate Cleanup 节点，如图 11-58 所示。

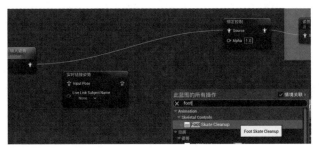

图 11-58　添加 Foot Skate Cleanup 节点

在右侧资产浏览器中找到刚刚从插件文件夹中添加的资产并拖入动画蓝图，如图 11-59、图 11-60 所示。

图 11-59　选组 AxisStudio

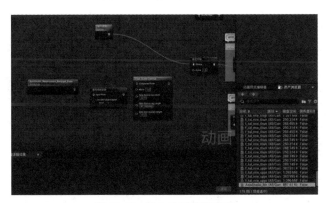

图 11-60　置入动画蓝图资产

断开"输入姿势"按图 11-60 顺序链接到"绑定控制"上，连接成功会自动生成"本地到组件空间"和"从组件空间到本地"的节点，如图 11-61 所示。

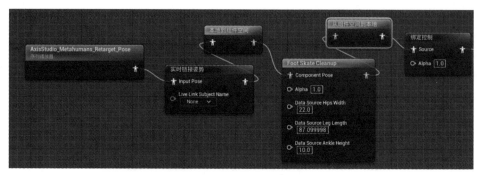

图 11-61　蓝图节点连接示意

单击选择"实时链接姿势"节点的 none 并选择要适配的角色（这里是小白人 chr03），如图 11-62 所示。

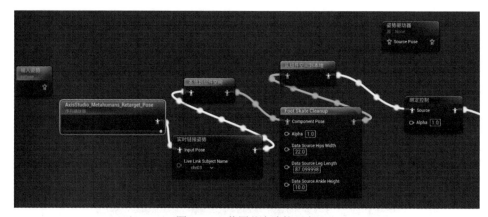

图 11-62　蓝图节点连接示意

单击"实时链接姿势"节点，选择右侧"细节"→"重定向"→"重定向资产"命令，在相应选项区域中选中 UE_Metahumans_LiveLink_Remap_Asset 单选按钮，如图 11-63 所示。

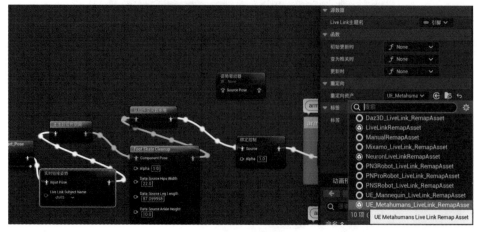

图 11-63　选择重定向资产

在 Foot Skate Clearup 节点中输入动捕的胯宽、腿长、脚踝高度等数据，如图 11-64 所示。

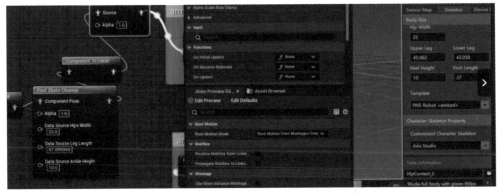

图 11-64　输入数据以实现更好的动捕效果

以上 UE 蓝图中的 Foot Skate Cleanup 各项节点数据需要一一对应 Axis Studio 中的 bodysize 数据，以保证最小化动作捕捉数据腿部抖动产生的位移。

一切检查无误之后单击"编译"按钮完成操作，如图 11-65 所示。

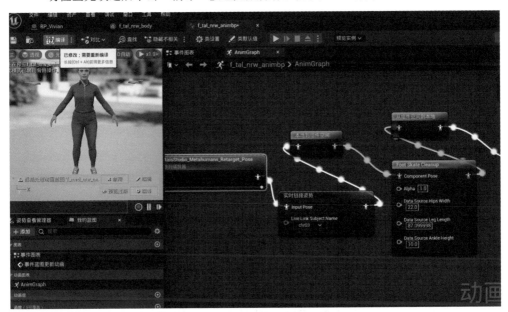

图 11-65　点击编译结束操作

此时连接的动捕演员可以实时驱动虚拟场景中的数字人进行各种动作和位移。

第 12 章
数字资产管理与同步

电影从迈入数字时代以来，由于重视效电影在商业上的成功，越来越多的重视效电影在流程管线上伴随着逐渐庞大的数字资产，这些资产包含有各种来源、各种格式、由不同艺术家创建的或者通过扫描记录的模型、贴图资产；也有动作捕捉技术及动画艺术家完成的动画数据资产；此外还有各种设备的信息，如记录了镜头信息的镜头畸变矫正信息、镜头数据。通常这些资产在制片阶段、拍摄阶段、后期制作阶段都有不同的管理与同步需求。

在互联网发展初期，对于如此庞大的数据流，行业使用大量的硬盘驱动器、磁带驱动器，通过物流运输、仓储的方式对这些数字资产进行物理传输与归档。而近年来，许多为满足互联网公司数据存储需求应运而生的商用数据中心，形成了非常有效的数字资产管理方案。

数字电影、数字影视特效行业很需要一套根据需求不同制定的，可施行版本追溯、且流程管线具有弹性的现代化数字资产管理办法/方案。

此外，虚拟制片也对数字资产提出了新的流程上的挑战，基于 UE 实现的实时渲染，在第 4 章中分析过与传统离线引擎的异同。这部分异同在数字资产管理与同步上也提出了新的需求。

在此将数字资产划分为两大数据类型，一类是"元数据"，另一类是"数据块"进行分析讨论。数字资产类型，如图 12-1 所示。

图 12-1　数字资产类型

12.1 ◀ 数字资产版本管理、同步与协同

12.1.1 数字资产元数据管理

在对数字资产进行管理之前应当先弄明白什么是"元数据（metadata）"。

首先，在使用计算机时，人们每时每刻都在与不同类型的元数据打交道，计算机每个文件的路径、文件名、文件大小、修改日期等，都是构成计算机最基本的元数据。元数据分为静态元数据和动态元数据。

而对于影视媒体制片行业来说，每一条素材都会通过元数据记录大量的如摄影机型号、拍摄时机器内部使用的快门角、曝光指数 EI、白平衡，或者是时间码信息、镜头数据系统（Lens Data System，LDS），甚至是电子场记信息。

这些元数据通常会用文件封装的方式封装在素材文件档案内。有时也会通过 XML 的文件形式单独文件存放。在拍摄现场这些元数据也可以通过 SDI 信号在不同的设备之间传输、记录，通过 SDI 信号传输的元数据同时也可以作为触发录制系统的信号，从而同步电子场记板和各部门录制设备的自动触发系统。

以一条 ARRI 摄影机拍摄的素材为例，ARRI 规范定义了其文件名所包含的最基本的元数据信息，如图 12-2 所示，以供后期剪辑、套底环节匹配代理素材、原始素材、DI/VFX 素材使用。同时恰当的卷号、时间码跟踪管理，更好地保证了素材在时间线上下游的传递与匹配。ARRI ALEXA 35 素材名称规范解释如图 12-2 所示。

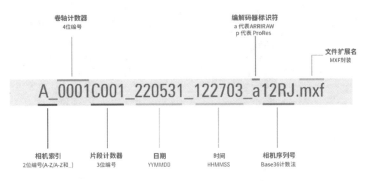

图 12-2 ARRI ALEXA 35 素材名称规范解释

了解了最基础的元数据使用，接下来了解一下在现代化的特效流程中对于元数据的使用，如图 12-3 所示。

通常在传统线性工作流程中，上下游各种不同来源的资产素材在前文中也有讨论过如何导入 UE 继续进行后续的工作。

UE 作为生产环节的下游工序，经常要面对模型、贴图、动画，甚至是美术设定的迭代。在这个迭代过程中，不同工种、来源的素材有着截然不同的命名特征。通常主要依赖文件名作为元数据的主要提供来源。这也造成了大家通常在初期需要管线 TD（pipelineTD）为各个工种制定专用的管线工具，可以在 FBX、ABC 的模型动画资产中轻易地定义自身的元数据，但很难对材质、贴图等关联数据用元数据进行跟踪。通常非常依赖文件的绝对路径或者相对路径。

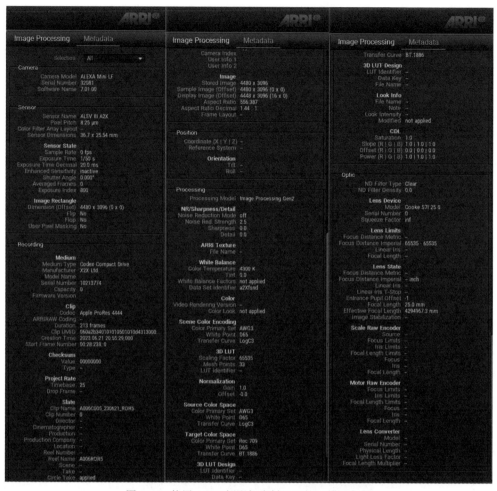

图 12-3　使用 ARRI 摄影机素材记录的元数据实例

如图 12-4～图 12-7 所示，为 UE 现代化管线中常见的文件目录层级和文件名管理实例。

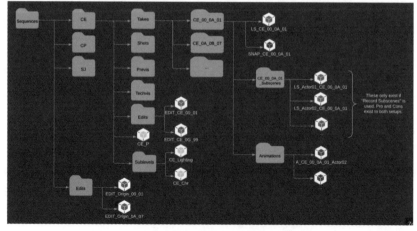

图 12-4　UE 管线常见文件目录层级和文件名实例 1

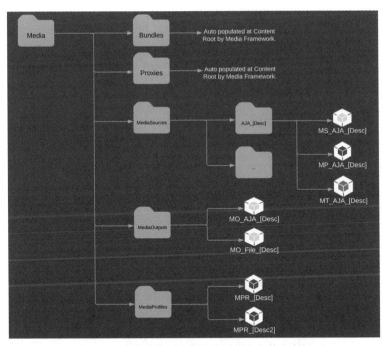

图 12-5　UE 管线常见文件目录层级和文件名实例 2

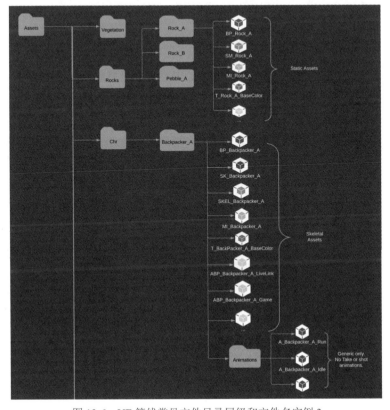

图 12-6　UE 管线常见文件目录层级和文件名实例 3

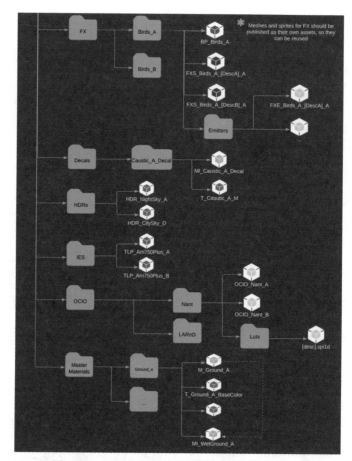

图 12-7　UE 管线常见文件目录层级和文件名实例 4

使用 USD 舞台管理 USD 资产的层级如图 12-8 所示。

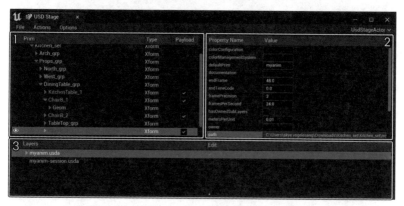

图 12-8　使用 USD 舞台管理 USD 资产的层级

于是现代化的流程管线中逐步有像 USD、materialX 这样的开源项目，规范、统一、集中地承载、传递与迭代这些元数据。确保在项目进行的过程中，制片和艺术家们能够高效甚至"无感知"地推送和迭代数据。USD 流程管线实例如图 12-9 所示。

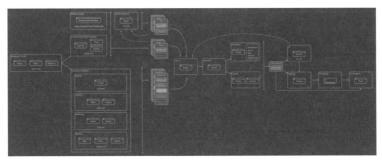

图 12-9　USD 流程管线实例

　　同时也有像 Helix、ftrack、Shotgun 这样的流程管理工具，对整个创意项目的生产、资产进行跟踪和管理，协助元数据的生成和管理。同时也提供一些基础的插件来方便艺术家直接取用和上传项目进展并进行工程、资产的版本控制管理，甚至是实时的跨越全球的项目管理。

　　如图 12-10 所示，为使用 Helix 旗下的 DAM 工具进行资产管理并使用 Core 进行版本控制的工作流示例，并在最终使用 Hansoft 对项目进行统一化的管理。也可以使用 Hansoft 和 ftrack 等工具对项目、艺术家工作、客户审阅等同步进行管理。在 ftrack 中项目资产加载进 UE 如图 12-11 所示。

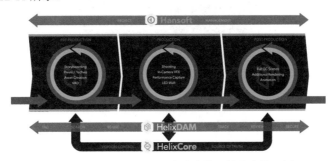

图 12-10　HelixDAM 在数字资产管理管线中的示例

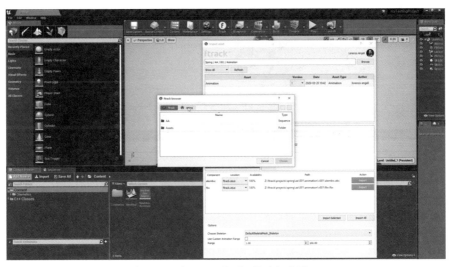

图 12-11　在 ftrack 中项目资产加载进 UE

对项目进行多维度网状的管理，前后脱离不开各环节对元数据的跟踪和使用。在项目初期，有一个规划完善的元数据系统十分重要，同时遵循各个环节对元数据的管理和控制，对执行一个较为规范的、成规模的项目成功也起到至关重要的作用。

12.1.2　UE 中的元数据

在 12.1.1 节中初步地了解了元数据是怎样在流程管线中起到关键性作用的。接下来进一步了解如何在 UE 中让元数据发挥其作用。

UE 中的元数据可以是资产创建的艺术家姓名，该资产的状态包括待迭代的中间版本 Blocking、正在修改中的 onhold、已经决定的终稿 final 等。UE 中的元数据查看如图 12-12 所示。

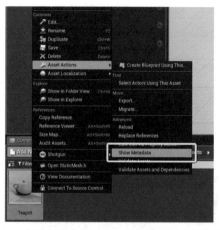

图 12-12　在 UE 中右击任意一个资产可以查看其元数据

对于虚拟制片来说，至关重要的一步，UE 的元数据系统可以将 Live Link 或者 SDI 信号中的元数据读取出来，并对时间码机进行监控，同时，也可以对摄影机的焦距、焦点、光圈、快门角、EI 等参数进行同步，对现场拍摄的现实画面和 LED 实时生成画面的同步起到了至关重要的作用。

在 UE 中检查时间码信息如图 12-13 所示。

图 12-13　UE 中使用 Time Data Monitor 检查时间码信息

在 project settings 中设置时间码的输入源界面如图 12-14 所示。

需要注意的是，虽然上文将绝大多数属性信息都归类为元数据，但在 UE 中，大部分的元数据，如时间码直接作用于对应的功能板块并且不会再单独地称其为元数据。

接下来讨论下流程管线中如何实现导入元数据以供后续环节使用。

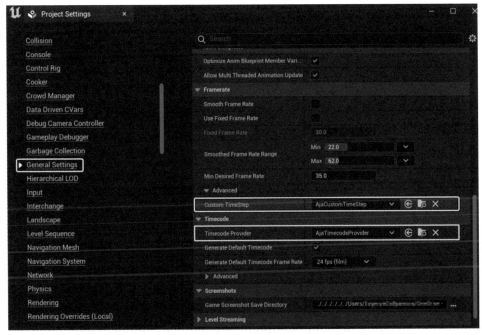

图 12-14 在 Project Settings 中设置时间码的输入源并对其他源进行帧同步

以 FBX 管线为例，艺术家在创建一个资源的时候就可以为该文件定义一定的元数据，并在最终封装成文件时将其封装其中。以常用的动画软件 MAYA 为例，输出 FBX 文件时可以在物体的属性面板的 extra attribute 中添加用户自定义的字符串作为元数据。

可以看到元数据字符串在导出时被保存在 FBX 文件的元数据区块中，信息列表弹窗如图 12-15 所示。然后进入 UE，导入刚导出的 FBX 文件。可以看到以 MAYA 定义的 FBX 文件中的元数据可以在蓝图中作为函数输出给别的控制器。

图 12-15 一个 FBX 文件在 UE 中查看元数据的信息列表弹窗

以 USD 管线为例，将资产从 UE 中导出为 USD 文件后，使用 Live Link 与 MAYA 提供的 Live Link 插件进行连接，如图 12-16 所示。这样在 MAYA 中进行的骨骼、几何体、元数据编辑都会在 UE 中同步。相反，适当地在 UE 中进行编辑，如蓝图动画，场景编辑等也可以同步在 MAYA 之中。UE 中的 Live Link 链接到 MAYA 示意图如图 12-17 所示。

10.3.3 节也有介绍过 Live Link 插件在 UE 中动态的输入摄影机数据的具体使用方式，这里不再赘述。只需要注意，此类数据也是通过元数据的方式动态的输入到 UE 的。并且 Live Link 同时可以导入更多的元数据，如实时的动捕数据、实时骨架数据、实时动画数据，这些数据可以在 UE 蓝图中进行更为细致的开发与定制，实现如使用 MAYA 动画数据驱动 UE 中的虚拟角色、火焰特效、虚拟灯光系统等。

图 12-16 MAYA 菜单中的 Unreal Live Link 插件

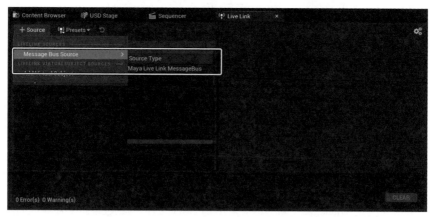

图 12-17 UE 中 Live Link 链接到 MAYA 示意图

12.1.3 UE 中利用元数据同步多元资产

从 12.1.2 节中了解到元数据是如何控制 UE 中资产的。接下来进一步了解在虚拟制片中，为什么元数据管理这么重要，以及如何利用元数据和 Live Link 实现实时协作。

传统线性制片管线与虚拟制片管线对比如图 12-18 所示。

在虚拟制片管线中，后期 VFX 工作室会在前期工作中大量的参与进 VAD（Virtual Art Development，虚拟艺术开发）工作中来，如图 12-19 所示。

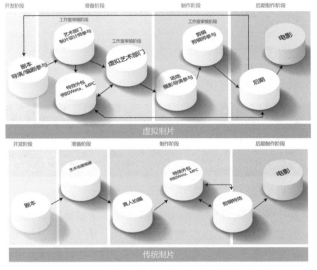

图 12-18　传统线性制片管线与虚拟制片管线对比

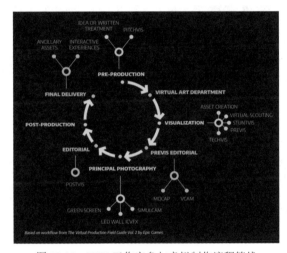

图 12-19　VFX 工作室参与虚拟制作流程管线

　　其中，这部分工作通常会以 asset 的形式存在于 UE 中，并用于各种类型的前期制片研发，以及制片期用于拍摄。

　　这部分资产通常会在虚拟拍摄时导入进 UE 中，在拍摄时实时渲染，最终成为 ICVFX 的一部分。同时这部分数据也常会应用在后期环节中，合成进其他非 ICVFX 的镜头之中。因此对资产进行版本跟踪控制和同步就显得尤为重要，以避免错误的资产版本被使用到最终的镜头之中。同时制片也能通过流程工具，很好地对使用的数字化资产进行管理，就像传统过程中使用表格数据进行统计规划每一场次使用的服装、道具、场景以确保能够正确地下通告单传达给各制作部门。

　　同时 ICVFX 对实时的资产管理同步提出了新的挑战，最基础的莫过于使用 Live Link 实现 VCAM 和现实摄影机的跟踪绑定，以及这部分摄影机数据能够很好地传递给后期制作环节以供其他环节如摄影机跟踪部门使用。

12.2 ◀ **UE 中数字资产与 Live Link metadata 延伸**

可以将元数据（metadata）指定给 UE 项目中的任何资产，以便记录资产的信息，示意图如图 12-20 所示。元数据是一组键值对，可以根据用途自由定义。可以用元数据筛选内容浏览器中的资产，或者识别蓝图或 python 脚本中的资产。

图 12-20　元数据示意图

在 Live Link 蓝图中使用 Get Metadata 函数节点可以从对象的元数据中获取所需的各种数据信息，如当前的场号、镜头 LDS 数据、时间码、场景帧率，如图 12-21 所示。其中镜头 LDS 数据通常是以字符串的形式获取，但一些数据需要转换函数来输出实际需要的数据类型。

图 12-21　Get Metadata 函数节点

此外，除了 Live Link 内获取到的元数据，资产本身的元数据也可以在蓝图中使用 Get Metadata Tag 函数节点进行获取与编辑，如图 12-22 所示。

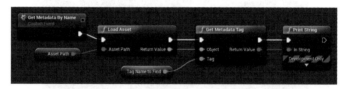

图 12-22　Get Metadata Tag 函数节点

同时还可以利用 Set Metadata Tag 函数节点手动设置编辑一些资产的元数据。元数据的传递与使用如图 12-23 所示。

图 12-23　元数据的传递与使用

值得注意的是，资产的元数据同样可以使用于 Live Link，并在不同的 DCC 之间进行传递和使用。

12.3 ◀ **UE 中的虚拟资产**

UE 中打包好的资产通常以 .UASSET 格式存储于磁盘上，其中包含了导入展开一个资产所需的全部信息。UASSET 在项目后期需要面对逐渐复杂且越来越庞大的同步需求和大量的资产传输，UE 提供了虚拟资产（virtual assets）工具包作为快速高效的虚拟资产同步管理工具，如图 12-24 所示。虚拟资产工具包为流程 TD 提供了一系列的工具以减少项目内重复资产的资源占用，并可以有效地控制项目的同步和存储数据，该接口也可以进行开发，与前文提到的各种项目管理工具进行交互数据管理。

Backend	Count	Read Time (Sec)	Size (MB)	Count	Write Time (Sec)	Size (MB)	Count	Cache Time (Sec)	Size (MB)
DDCBackend - DDCCache	0	0.0	0.0	0	0.0	0.0	0	0.0	0.0
SourceControl - SourceControlCache	0	0.0	0.0	0	0.0	0.0	0	0.0	0.0
Total	**0**	**0.0**	**0.0**	**0**	**0.0**	**0.0**	**0**	**0.0**	**0.0**

图 12-24　使用虚拟资产统计面板管理虚拟资产

另外，USD 作为新兴的资产管理框架，UE 也在逐步支持其特性，它通常包含非破坏性编辑的网格层级、对象属性、元数据这 3 个部分，如图 12-25 所示。同时 USD 也是首次支持将游戏引擎中的资产以最直接的方式导入其他 DCC 的格式，这也为流程上带来了更多的便利，如可以在虚拟现实的 UE 中交互式地创建一个场景布局，然后通过 USD 导入至 MAYA 再进行下一步的传统离线编辑，最终，回到 UE 中作为虚拟制片拍摄的资产。在传统工作流中以 FBX 文件作为中间媒介时，常会因为所需属性不被 FBX 格式支持导致需要大量重复工作，而 USD 工作流可以让多名艺术家同时在不同平台协作创作。

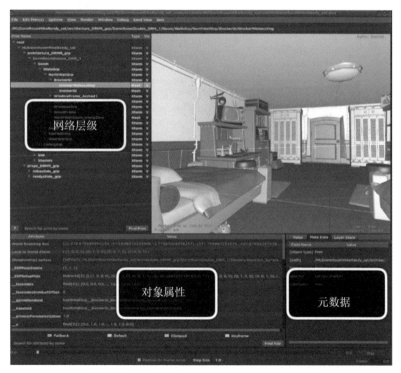

图 12-25　一个 USD 资产的结构包括了三大部分

第13章

虚拟制片的未来应用场景

13.1 ◀ 影视与广告制作

　　未来，随着虚拟技术和人工智能技术的进一步发展，虚拟制片在影视与广告制作领域的应用会更加广阔。虚拟制片将为影视和广告制作开创全新的可能性，对整个产业的发展产生深远影响。具体来说，虚拟制片技术赋予影视与广告制作领域可能出现的新功能包括"更加真实的虚拟角色""更加自然的角色互动"，以及"更加真实的虚拟环境渲染"，如图 13-1 所示。

图 13-1　虚拟制片拍摄现场

13.1.1　更加真实的虚拟角色

　　随着人工智能技术的快速发展，未来虚拟制片技术将实现更高层次的真实性和逼真度。演员的动作捕捉技术就是一个很好的例子。现在的动作捕捉技术可以识别肢体的动作，面部捕捉技术可以识别到演员的脸部表情和微妙情绪，并能够迅速精准地转化到虚拟角色中。但是这依然无法摆脱真人驱动动作表演的实质。而随着日后人工智能技术和机器学习的快速进步，捕捉技术将可以通过学习大量的影像数据，来理解和模拟人的动作、表情和情绪。这意味着未来虚拟角色将不再受限于人工设定的动作范围，而是可以表现出与真人演员几乎一样丰富、自然的情感表达。这将使广告制作相关环节变得更加灵活。广告创作者们不需要为了拍摄做大量的前期准备，只需要录制演员的几个演出片段，后期通过算法在虚拟角色上来呈现即可。这一发展前景为包括残疾人在内的更多人参与影视制作提供了可能，如图 13-2 所示。

图 13-2　未来电影拍摄现场想象

13.1.2　更加自然的角色互动

随着混合现实技术的发展，未来的虚拟制片将实现更加自然的角色互动。混合现实技术可以将虚拟角色自然地融入到真实环境中，让虚拟角色和现实世界的物体发生交互，创造出以前技术无从实现的全新体验。影视与广告效果将更加引人入胜、更具互动性、更富有情感深度。

例如，虚拟角色可以与现实世界的物体进行互动，如投掷真实世界的物体或者在虚拟环境中移动现实世界的物体。这些虚拟角色可以具备与真实世界物体相似的物理属性，如质量、材质、硬度等。这意味着观众可以观察到虚拟角色与现实环境进行更加真实的物理交互。如向虚拟角色扔出一个球，虚拟角色会根据其质量、角度、力度和环境中的风力，做出与现实世界中相符的反应，如立刻蹲下抱头痛哭。这样自然的角色互动，行为和情绪表现也更加真实。这将有利于刻画角色性格，推动故事发展，引发观众共鸣，进而极大地增强影视和广告中的视觉效果，更好地服务于影视和广告的表达。此外，混合现实技术也将影视和广告的互动性提升到新的高度。观众不再仅仅是被动的接受者，而是可以通过互动更深入地参与到故事中甚至影响故事的发展。这对于提升观众的观看体验，增强品牌的吸引力都有巨大的积极意义。

13.1.3　更加真实的虚拟环境渲染

虚拟环境渲染预计产生革命性的新前景。当下虚拟环境渲染大都以画面的精细度和逼真度为主。未来，虚拟环境渲染对于真实的追求可能更具创新性，应用更加广泛。

首先，人工智能技术将更深入地被运用到渲染技术中，如机器学习等技术将被用来训练与优化渲染过程，使渲染更接近现实。未来或许还会出现全息投影技术与渲染技术的融合，提供更为沉浸的虚拟体验。另外，在更为智能的层面，未来的渲染技术可能可以实现动态适应用户观察角度、环境变化，进而提供最佳的渲染效果。而多感官渲染的出现，如触觉、嗅觉，甚至味觉的渲染，将帮助用户实现全方位的沉浸式体验，如图 13-3 所示。

图 13-3　更真实的虚拟渲染画面效果

13.2 ◀　演唱会与直播

虚拟制片技术通过 LED 屏幕和虚拟现实技术的结合，拓展了舞台的展现空间，赋予了舞台设计更多可能。此外，虚拟制片技术还能进一步提升视效体验，赋予网络直播更多可能。

13.2.1　创新舞台设计，打造震撼的艺术体验

虚拟制片技术的运用可以给演唱会舞台设计带来更多的变化，为艺术家们提供多样化和创新的设计可能性。在虚拟制片技术的帮助下，舞台上的 LED 屏幕不再只是简单的投影表面，而是变成了无限可能的艺术创作空间。这些 LED 屏幕不是单纯的显示器，更像是可以呈现出各种视觉效果和沉浸式场景的窗口。

如图 13-4 所示，为爱尔兰摇滚乐队 U2 在 MSG Sphere 中的演出现场，视觉艺术家兼电影制作人马可·布莱姆比拉（Marco Brambilla）创作的拼贴画"King Size"作为乐队第二首单曲《Even Better Than the Real Thing》的背景。LED 屏幕上呈现出一幅绚丽多彩的绘画，在音乐节拍下展现出绚烂的光影变化，给观众带来视觉上的冲击和享受。

图 13-4　爱尔兰摇滚乐队 U2 在 MSG Sphere 中的演出现场 1

13.2.2 拓展舞台空间，打造超越时空的视觉效果

在传统演唱会中，由于受实体舞台尺寸的约束，艺术家们的创作空间受到了较大的限制。然而，随着虚拟制片技术的发展，艺术家们可以在有限的现实舞台上展现出超乎想象的视觉效果。

如图 13-5 所示，为爱尔兰摇滚乐队 U2 在 MSG Sphere 中的演出现场，巨型环绕式 LED 屏幕的应用使观众无须佩戴专业眼镜，就能够沉浸在超高清的虚拟现实世界中。通过超高清的 LED 屏幕显示技术，仿佛瞬间把人带到千里之外的海边，感受着海风的吹拂，忘却自己置身于一个室内场馆。

图 13-5　爱尔兰摇滚乐队 U2 在 MSG Sphere 中的演出现场 2

而在室外场地，虚拟制片技术同样有着令人惊叹的应用。通过大型 LED 屏幕，演唱会的舞台也可以设计出各种样式，可以随着音乐的节奏和情感变化而呈现出多种景象。

如坐落在拉斯维加斯市中心的 MSG Sphere，如图 13-6 ～图 13-8 所示，其建筑外表面是面积约 5 5700 m²，超过 3 个足球场的巨型可编程环绕式 LED 屏幕。其分辨率达到 2K，可以自定义视频图像或静态照片，是目前世界上最大的 LED 屏幕。当这个"球形屏"被点亮时，可以呈现出各种超现实主义的奇幻视觉效果。

图 13-6　MSG Sphere 建筑外表影像效果 1

图 13-7　MSG Sphere 建筑外表影像效果 2

图 13-8　MSG Sphere 建筑外表影像效果 3

13.2.3　创作数字替身，延长艺术家的演出生命

借助虚拟制片技术的发展，在未来，已故艺术家或已经离开表演舞台的音乐人都可以通过数字化的方式再次登上舞台，使他们的形象得以"重现"。艺术家和他们的粉丝们再也不用担心他们的老去，数字替身可以让他们"重回青春"。而且，通过数字替身，艺术家不再受限于真实世界的空间和时间。他们可以在数字空间中创建更大胆、更抽象的表演，无需受到传统舞台限制。

例如，40 多年没有开过演唱会的瑞典天团 ABBA——平均年龄 75 岁的老爷爷、老奶奶们身着动捕服，借助高超的虚拟技术，还原了他们年轻时身形样貌的虚拟人物 ABBA-tars，为观众们表演了一场超高水平的虚拟演唱会。而在演唱会现场设置的 6 500 万像素的巨大屏幕，配以霓虹闪烁的现场光影效果，也成功骗过了观众的眼睛，以为是真人在现场演出，如图 13-9、图 13-10 所示。

图 13-9　ABBA 成员身着动捕服

图 13-10　数字替身 ABBA-tars

13.2.4　提升视效体验，赋予网络直播更多可能

虚拟制片技术也在演唱会的网络直播中创造着更多可能性。它不仅是将表演录制下来再传输到观众端，更是一个更具创新性的全新体验。

通过虚拟制片技术，表演者可以置身于各种虚拟环境中。例如，在一首歌曲中，表演者们可以在逼真的 3D 环境中演绎，可能是一片宏大的太空、一片迷幻的森林，又或者是沉浸式的未来都市。这种虚拟环境的创造不仅为观众带来视听上的新体验，也让整场演出变得更富有想象力、趣味性和参与感。而这一点目前其实已经实现了，在 2022 年女子演唱团体 THE NINE 的《虚实之城》线上演唱会中就运用了虚拟制片技术，为观众呈现了一场实时的虚拟演唱会，如图 13-11、图 13-12 所示。

图 13-11　女子团体 THE NINE《虚实之城》线上演唱会俯拍画面

图 13-12　女子团体 THE NINE《虚实之城》线上演唱会平视画面

总的来说，虚拟制片技术在演唱会中的应用将带来全新的视觉冲击和互动体验，为音乐表演带来更加震撼和多元化的表现形式，这将成为未来演唱会产业的重要发展方向。

13.3 ◀ 电子游戏

虚拟制片技术集成了先进的 3D 建模、虚拟摄影和实时渲染等方面的创新，为游戏开发带来了更多的可能性。

13.3.1　提供更复杂且逼真的游戏环境

虚拟制片技术的发展在电子游戏中的应用可以为游戏体验带来新的变化。它可以提供更复杂且逼真的游戏环境，为玩家创造了身临其境的体验。从游戏开发的角度来看，这项技术为游戏世界的呈现提供了丰富的可能性。

通过高级的 3D 建模技术和先进的渲染引擎，游戏开发者能够塑造出真实感极强的游戏世界。这些环境可以是各种风格的城市、古老的遗迹、异域的地貌或者未来的科幻场景。这种多样性不仅丰富了游戏体验，还让玩家能够沉浸在各种各样的虚拟环境中，感受不同背景和氛围下的挑战和探索，如图 13-13 所示。

图 13-13　逼真的游戏环境

13.3.2　提升真人影像互动游戏的制作效率

　　虚拟制片技术的应用可以提高真人影像互动游戏中实拍影像的制作效率。在传统制作中，制作真人影像游戏需要大量的时间和资源进行拍摄、编辑和后期制作，这一过程可能涉及多次场景布景、拍摄和剪辑，耗费大量的人力、物力。如全程采用专业拍摄手法制作而成的国产真人影像互动游戏《神都不良探》，在拍摄时光是群众演员就请来了数百位，从筹备到剧本再到拍摄制作共历时 600 多天，搭建了上万平方米的拍摄场景。而随着虚拟制片技术的引入，可使制作过程更高效、更灵活，如图 13-14 所示。

图 13-14　游戏《神都不良探》中神都洛阳的街头人头攒动

　　实时渲染和合成技术的运用极大地提高了现实拍摄中的制作效率。游戏制作者可以在实际拍摄中实时融合虚拟元素到现实场景中，减少了后期制作所需的时间和成本。而对于游戏中需要多次拍摄来呈现不同支线剧情的情况，虚拟制片技术也提供了有效的解决方案。在现实拍摄中，通过虚拟制片技术可以实时改变场景的元素，包括景物、道具或者特效元素的添加和修改，从而满足不同支线剧情的需求。这意味着，不再需要反复搭建和布置不同场景，只需在现实拍摄中实时调整虚拟元素，即可轻松切换场景，极大地节省了制作周期，提高了制作效率，如图 13-15 所示。

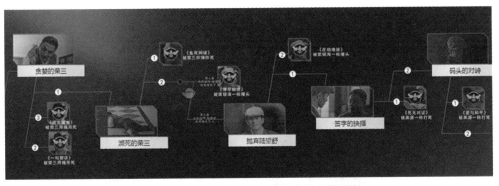

图 13-15　游戏《隐形守护者》中的支线剧情

13.3.3　打造逼真的线下游戏空间体验

随着虚拟现实技术的发展，在线下体验空间中逐渐兴起 VR 游戏体验馆。在当前较新型的大空间多人 VR 互动中，它能够让多个玩家在同一个虚拟空间中进行互动。除了传统 VR 设备的互动形式外，此类游戏还会通过使用红外光学定位技术实现高精度实时三维运动数据的采集，精确捕捉人体动作数据与多目标物的三维空间位置数据，进而实时输出，完成虚拟与现实的实时交互。不过虚拟制片技术在游戏体验馆中的应用，可以使其获得更多可能。

虚拟制片技术的重要突破在于实时渲染和处理。游戏场景、角色和效果可以实时呈现在 LED 屏幕上，为玩家创造出逼真的游戏体验。这种技术的优势在于它能够以极高的精度和速度实现画面的渲染和处理，使游戏中的动态变化能够在玩家眼前即刻发生，让玩家能够更直接地参与到游戏故事中，享受到更加真实和交互式的游戏体验，如图 13-16 所示。

图 13-16　玩家在 VR 游戏体验馆中进行多人游戏

试想一款未来的动作冒险游戏，融合了全实时 LED 虚拟制片技术，让玩家身临其境地踏入一个逼真的虚拟世界。这个游戏不同于以往，玩家身处一个被环绕式 LED 屏幕所覆盖的真实空间内，而屏幕上呈现的正是游戏中的实际画面。在这个游戏里，玩家将扮演一个虚拟角色，置身于一个细致逼真的城市景观中。通过 LED 屏幕实时呈现的高分辨率图像，玩家能够看到仿佛真实存在的街道、建筑和人物。这种技术的应用让玩家无须穿戴 VR 头显设备，只需用裸眼直接观看 LED 屏幕上的游戏画面即可身临其境地参与游戏。

这款游戏将实时三维运动数据捕捉技术和虚拟摄影技术结合，让玩家能够更深入地感受到逼真的游戏场景。通过虚拟摄影技术，玩家能够感受到真实世界中镜头运动和光影变化的效果，仿佛置身于现实城市之中。而全实时渲染技术则让玩家所做出的每一个决定都能即时呈现在 LED 屏幕上，让玩家直接感受到他们的选择对游戏世界的影响。这种实时性的反馈机制增强了玩家的沉浸感和互动性，提升了游戏体验的逼真程度，如图 13-17 所示。

图 13-17　未来线下游戏体验馆

总的来说，虚拟制片技术可以为电子游戏开发提供更多的创作空间和技术支持。未来，这项技术将继续推动游戏行业的发展，为玩家带来更为逼真、沉浸和个性化的游戏体验。

13.4 ◀ 文化教育

虚拟制片技术将有效改变文化教育领域的教学模式和学习方式。

13.4.1 实现难以触及的教学内容可视化与可操作化

传统教育往往受制于设施和条件的限制，大量的枯燥事件、抽象概念、复杂流程在实体课堂中无法以直观的形式表现出来，如历史事件、科学原理、艺术创作等。在这样的情况下，学生需要借助于图书、图片、电影等一系列教学辅助工具来理解和掌握这些内容，这种方式的教学效果往往受限于教学媒介。但当虚拟制片技术应用于文化教育时，可以将这些抽象、复杂的知识通过虚拟环境进行实体化，甚至可以进行模拟操作。如此来说，虚拟制片将可以为文化教育提供更加真实、生动的虚拟环境与体验，如图 13-18 所示。

图 13-18　未来教学场景想象 1

例如，在地理、历史等学科的教学中，可以利用虚拟制片技术重建地形、历史事件，给学生们更加深刻的学习体验。在学习古代建筑、遗址的过程中，学生们可以通过虚拟制片技术"亲手"建造和修复古代建筑，这种互动性和体验性能使理论知识转化为实践技能，加深学生理解和记忆。也可以通过虚拟表现技术，直观呈现出历史事件的场景，使学生更加直观真实地感受历史的人与事。又如，在生物学学习的过程中，教师可以用虚拟制片技术构建一个人体内部的三维模型，让学生进入人体内部，直观地看到器官、细胞的构造，便于他们理解和记住相关知识。

13.4.2 推动个性化教学

每个学生的学习情况、接受能力、学习兴趣等方面都有所不同。在传统的教育模式下，由于受设备、场地、时间等条件的限制，教师无法为每一个学生提供个性化的教育资源和方式，难以满足个体化的需求。虚拟制片技术将使个性化教学成为可能。教师可以按照每位学生的需求和能力，创造个性化的虚拟环境和学习任务，为每一位学生提供定制化的教育资源。学生可以根据自己的需要和适宜度选择最好的学习方式，提高学习效率。

在虚拟制片技术赋能的教学模式下，学生将成为教学的主体，教师则成为教学的引导者和协助者。这将极大地提高学生的学习积极性和主动性，提升教学质量。同时，虚拟制片技术的应用还可以轻松地对学生的学习进度和情况进行实时跟踪和反馈，以便及时调整教学策略和方法。教师也可以根据每位学生的学习情况和需求，提供合适的指导和帮助，提升教学效果。因此，虚拟制片技术有可能带动个性化教学的发展，形成全新的教学模式，如图 13-19 所示。

图 13-19　未来教学场景想象 2

13.4.3 实现跨地域、异步的网络教学

随着互联网技术的发展，远程网络教学已成为当前重要的教学方式。但传统的网络教学通常只能提供文字、音频、视频等方式，难以实现真实的互动和体验。虚拟制片技术改变了这一现状。虚拟制片技术可以实现教育空间的全方位扩展，构建一个真实的文化教育虚拟世界。教师在虚拟世界里进行教学，学生在同一虚拟世界一同学习，甚至可以与教师实时互动。这种方式打破了空间的限制，提供了更加真实的学习体验，如图 13-20 所示。

图 13-20　未来教学场景想象 3

13.5 ◀ 文化旅游

虚拟制片技术在文化旅游行业的应用前景十分广阔，为游客提供了更丰富、更有互动性的文化旅游体验。这项技术将传统的旅游方式转变为数字化、沉浸式的体验，从而为人们探索世界文化遗产和历史景观带来了全新的可能性。

13.5.1　在虚拟现实环境中重现历史遗迹和场景

很多历史遗迹因时间的风化、战争或其他因素已经被毁损或消失，但通过考古发掘和历史记录，可以收集到大量关于这些遗迹的信息。虚拟制片技术能够利用这些信息，借助3D 建模和渲染技术，在虚拟现实环境中还原这些失落的文化遗产，让人们可以身临其境地探索古代建筑、遗址和文化场景，如图 13-21 所示。

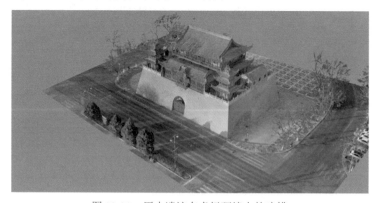

图 13-21　历史遗迹在虚拟环境中的建模

13.5.2　借助增强现实技术增强游览体验

在文化旅游领域，增强现实技术常被用来增强游客对文化遗产和旅游景点的理解和体验。将虚拟制片技术与增强现实技术相结合，可以为文化旅游体验提供更加丰富和生动的内容。例如，可以利用虚拟制片技术制作一个虚拟的古建筑群，并利用增强现实技术将虚拟的建筑叠加在现实的环境中。游客可以在现实的环境中看到这些虚拟的建筑，并通过手机或其他设备观看关于这些建筑的历史和文化信息。除此以外，还能以还原历史时期生活场景的形式呈现建筑群，即在原有现实的建筑群之上，通过虚拟制作复现过去的历史生活。这样的体验不仅可以让游客更加深入地了解古建筑的历史和文化背景，而且可以让游客在体验中获得更多的视觉冲击和沉浸感，如图13-22所示。

图13-22　通过AR技术呈现的虚拟模型

13.5.3　借助实时渲染技术打造沉浸式文旅空间

　　虚拟制片技术和实时渲染技术的结合应用，可以打造出具有高度真实感、交互性和沉浸感的文旅空间。首先，可以利用三维制作技术创建出各种文化遗产和旅游景点的虚拟场景，如古城、宫殿、博物馆等。然后，通过实时渲染技术实现游客与虚拟场景的实时交互。游客可以在虚拟场景中自由行走、观察和操作，感受到与真实世界相似的体验，如图13-23所示。

图13-23　游客在沉浸式空间中进行互动

13.5.4　利用LED屏技术拓展古建筑与历史场景

　　在古建筑修复和保护期间，游客通常无法身临其境地领略古建筑的原貌。然而，虚拟制片技术的运用为此提供了新的可能性。通过LED屏幕的裸眼3D效果，能够在古建筑的维护区域外部重新呈现其原始景象。这项技术利用高分辨率的 LED 屏幕，让人们近距离观察古建筑的细节和结构。

LED 屏幕还能实时展示修复工作的进展情况。它不仅能展示历史文物修复的各个阶段和工艺，还能将观众带入修复现场，以全新的方式呈现古建筑修复的复杂性，如图 13-24 所示。

图 13-24　建筑外墙的 LED 屏幕裸眼 3D 效果

总的来说，虚拟制片技术为文化旅游行业注入了新的活力和发展动力。它不仅为游客提供了更为沉浸和多样化的文化体验，也促进了文化传承和保护。随着技术的不断创新和应用，虚拟制片技术将继续在文化旅游领域发挥重要作用，为人们带来更加丰富、深入的旅游体验。

13.6◀ 商业展示

虚拟制片在商业展示领域的应用前景广阔。无论是"互动体验"还是"提供虚拟服务与社交"，虚拟制片技术都能赋能商业展示领域实现更高效、直观而有趣的商业行为。然而，虚拟制片技术为商业展示带来革命性影响的过程也会带来一系列问题，如用户隐私、数据安全、版权保护等。

13.6.1　现场呈现互动体验

虚拟制片将改变商业展示中的现场呈现方式，带来互动体验。在现在的视觉呈现方式下，消费者在商业展示中似乎总是置身于观察者的位置，眼看自己喜欢的产品遥不可及。但是如果将虚拟制片技术融入商业展示中，那么情况将会截然不同。

随着在线购物和远程工作等数字化趋势的发展，消费者越来越期待具有互动体验的商业展示。利用虚拟制片技术，在产品展示中消费者可以更为直观地"接触"和"体验"，真正的去感受产品、理解产品。这一互动性质的经历在很大程度上能转化为销售。传统的产品体验需要耗费大量的人力、物力和时间，而虚拟制片技术则能提供一个非常便捷、直观且重现度极高的方式，使消费者能够更好地获得产品信息，并降低摄影、场地租用等成本。例如，房地产商可以为消费者打造一个虚拟的房间，利用三维渲染将布置和设计呈现出来，使其可以虚拟"走入"居住环境中，而不是仅仅看到平面的户型图。消费者可以根据自己的喜好，换装虚拟服装或是改变虚拟家具的颜色和布局，得以在购买前"实地"体验和探索房间。此外，商家也可以通过虚拟制片技术实时反馈，得到消费者对产品的第一反应和改良意见，从而更好地优化产品和服务。虚拟制片技术为消费者和商家提供了一种全新的沟通方式，让商业行为变得更加简单、直观而高效。

13.6.2　虚拟服务与社交

虚拟制片技术将对商业展示环节的服务与社交产生巨大影响。过去，商家通常需要与客户面对面交流才能完成的服务与沟通交流，如今也许可以通过虚拟化实现。如在零售业，商家可以利用虚拟制片技术建立"无人商店"模式，消费者只需要通过 XR、VR、MR 设备甚至手机或计算机，即可沉浸式地查看产品详情，选择购买。同时，虚拟制片技术可以实现商品和服务的社交化共享，尤其对于那些虚拟、数字化的产品，如电子书、音乐、电影、游戏等，通过营造沉浸式的虚拟环境，用户可以在虚拟空间中与商家进行更深层次的互动和交流，探讨产品的使用心得、分享购买体验等，进一步提高产品的知名度和影响力，如图 13-25、图 13-26 所示。

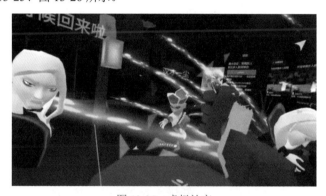

图 13-25　虚拟社交

图 13-26　虚拟音乐会

13.7◀　训练与模拟

虚拟制片技术中的关键技术——3D 制作和虚拟现实技术，在训练和模拟领域有着广泛而深远的应用前景。它为各个领域提供了一种高效、安全且高度可控的模拟环境，允许从业者进行仿真训练和实践，提高其技能和应对紧急情况的能力。

13.7.1 消防演习、飞行训练和军事模拟等危险场景的演习与应急处理训练

通过 3D 制作和虚拟现实技术，消防员可以在虚拟场景中进行火灾模拟，学习火场应对策略和实际灭火操作。这种仿真训练能够提供逼真的火灾场景，让消防员在安全的环境下进行训练，并实时获得指导和反馈，提高应急处置的效率和准确性，如图 13-27 所示。

图 13-27　虚拟环境中的消防演习

还有在飞行训练和军事模拟中，虚拟制作技术也发挥着重要作用。飞行员可以在虚拟场景中进行模拟飞行，体验各种飞行环境和应对紧急状况。这种实时模拟训练可以提供高度真实感的飞行体验，帮助飞行员提高应对飞行任务中各种挑战的能力，如图 13-28 所示。

图 13-28　模拟飞行训练

13.7.2 医疗领域中的医学教学、医学诊断和手术模拟等应用

虚拟制作技术可以应用在医学领域模拟手术、诊断和急救等场景中，为医学生和专业医护人员提供实践经验。

首先，它为医学生和专业医护人员提供了更丰富和真实的实践场景，如模拟手术、疾病诊断和急救操作。通过虚拟制作技术，他们可以在虚拟环境中进行操作和实践，模拟真实情况下的医疗操作，提高其技能和应对复杂状况的能力。这种虚拟训练可以让医学生和专业医护人员在不影响患者安全的情况下，实践各种医疗技能，增加其临床经验和应变能力，如图 13-29 所示。

图 13-29　VR 模拟手术

其次，医生可以利用虚拟制作技术构建病例模型，模拟病患情况，实施病例分析和诊断决策。这种模拟能够提供更多样化的场景，帮助医生加强对不同病例的认知和应对能力，从而提高诊断准确性和效率，如图 13-30 所示。

图 13-30　VR 分析病例

此外，虚拟制作技术还可以实现远程医疗诊断和治疗。通过将医生和患者带入一个虚拟的环境中，医生可以远程诊断和治疗患者，即使患者身处千里之外也能得到及时有效的医疗帮助，如图 13-31 所示。

图 13-31　未来医疗场景

未来，随着虚拟制作技术的不断进步和完善，它将为医疗领域带来更多创新。例如，结合人工智能技术，可以为医生提供更精准和智能化的诊断辅助工具；通过分析大量的医学数据和图像，智能系统可以帮助医生进行更准确的诊断和治疗规划。

后　记

　　编写本书的初衷是希望通过系统梳理虚拟制片的知识和技术，为感兴趣的读者提供一个全面、深入地了解虚拟制片的途径。从虚拟制片的概述，到技术入门，再到进阶技术，本书的内容涵盖了虚拟制片的各个方面。

　　首先，本书的开始，带领读者走进虚拟制片的世界，了解虚拟制片的基本概念、商业价值及相关技术组成。

　　接下来，介绍虚拟制片的五大系统——实时图形渲染引擎系统、LED 显示系统、摄影机跟踪系统、虚实场景匹配标准和灯光系统。通过这些系统，深入探讨了虚拟制片的实现原理和技术细节。

　　最后，进入虚拟制片的进阶部分，探讨动态场景触发、虚实场景融合等高级技术。通过这些技术，读者将了解到如何实现更加逼真的动态场景效果，如何将虚拟场景与现实场景更加自然地融合在一起。

　　总的来说，本书不仅是一本学习虚拟制片的教材，更是一本探索虚拟制片技术的工具书。希望通过本书，读者能够深入了解虚拟制片的核心技术，掌握虚拟制片的实现方法，从而更好地应用到自己的工作中。同时，也希望本书能够为推动虚拟制片技术的发展起到一定的作用。

　　此外，也欢迎读者朋友们为本书提出宝贵的意见和建议，一起为推动虚拟制片技术的发展而努力。